LE GRANITE DES PYRÉNÉES

ET SES PHÉNOMÈNES DE CONTACT

(PREMIER MÉMOIRE)

LES CONTACTS DE LA HAUTE-ARIÈGE

Par M. A. LACROIX
Professeur de minéralogie au Muséum d'histoire naturelle.

Depuis plusieurs années, je recueille les éléments d'une étude d'ensemble sur le granite des Pyrénées et sur ses phénomènes de contact. Il m'a paru utile d'en détacher dès à présent cette note préliminaire [1] sur les contacts des environs d'Ax et de Quérigut, qui offrent un grand intérêt pour la discussion de diverses questions à l'ordre du jour: les phénomènes métamorphiques des roches de profondeur et la mise en place du granite.

La crête abrupte servant de partage des eaux aux vallées de l'Oriège, affluent de l'Ariège et de la Sonne, affluent de l'Aude, se trouve au contact parfois immédiat du granite et d'une puissante série sédimentaire, continue depuis les gneiss jusqu'au permocarbonifère. Tous les sédiments sont profondément métamorphisés; la mise en place du granite par dissolution partielle de ceux-ci est mise en évidence par la persistance au milieu du granite d'îlots schisteux et de bandes calcaires imparfaitement digérées.

Les calcaires offrent de remarquables phénomènes de transformation, qui peuvent être observés sans grandes variations d'une extrémité à l'autre de la chaîne, et fournissent de véritables trésors minéralogiques [2]. Les schistes et les quartzites sont non seulement transformés en schistes et quartzites micacés, mais encore offrent des types de feldspathisation extrêmement intense, vérita-

[1] Les principaux résultats de ce travail ont été indiqués en 1896 (*Comptes Rendus*, CXXIII, 1021).

[2] J'ai décrit déjà un certain nombre de ces minéraux (grenats, idocrase, pyroxènes, amphiboles, épidote, axinite, etc.) dans ma *Minéralogie de la France* (tomes I et II), wollastonite,

bles roches gneissiques qui montrent la généralité des observations faites depuis longtemps par M. Michel Lévy, dans des conditions analogues, sur divers points du territoire français.

Si intéressants que soient ces phénomènes de contact exomorphes, ils le cèdent en importance théorique aux transformations endomorphes du granite. On sait que toute une école de pétrographes se refuse à admettre la possibilité de la transformation intense des magmas éruptifs par assimilation de sédiments. Depuis longtemps en France, M. Michel Lévy, frappé par l'analogie des cornes vertes du Beaujolais, du Puy-de-Dôme, etc., et de celles produites dans d'autres gisements par la transformation de calcaires, et aussi, par l'association constante à ces cornes de roches basiques (diorites et diabases), situées comme les premières au milieu de massifs granitiques, a émis l'hypothèse que ces cornes sont le résultat de la transformation de calcaires et que les diorites et diabases les accompagnant ne sont autre chose que des transformations endomorphiques du granite, produites par l'assimilation de ces mêmes roches.

Mes observations dans l'Ariège apportent à la théorie de mon maître et ami une éclatante confirmation en montrant le passage insensible entre les calcaires et les cornéennes d'une part et d'une autre entre le *granite*, le *granite à hornblende*, des *diorites quartzifères*, des *diorites* et même des *norites*, des *hornblendites* et jusqu'à des *péridotites* à *hornblende*. La relation de cause à effet entre l'assimilation du calcaire et la production de tous ces types pétrographiques aux dépens du granite est d'une évidence parfaite, elle ne laisse place à aucune autre hypothèse : la netteté de ces phénomènes rendra, je n'en doute pas, classique à ce point de vue la région qui fait l'objet de ce court travail.

Dans une note qui sera publiée ultérieurement, je donnerai une carte détaillée de cette région et une étude chimique des roches que je considère pour l'instant seulement au point de vue minéralogique. Je montrerai en outre la généralité dans les Pyrénées de la plupart des phénomènes décrits ici.

CHAPITRE PREMIER

RIVE DROITE DE L'ORIÈGE ET QUÉRIGUT

§ I. — Situation géographique et géologique des contacts étudiés

La région qui fait l'objet de cette étude se trouve dans l'angle sud-ouest de la *feuille de Quillan*, à la limite des départements de l'Ariège et des Pyrénées-Orientales ; elle s'étend sur les communes d'Orlu, d'Ascou (canton d'Ax) et celles de Mijanès, d'Artigues, de Rouze, du Pla et enfin de Quérigut (canton de Quérigut (ancien Donezan)[1].

Le granite forme dans cette région un vaste massif se prolongeant de l'Est à l'Ouest sur plus de 50 kilomètres. C'est la bordure occidentale de ce massif que j'ai étudiée ; on y voit le granite en contact avec le gneiss et une puissante série sédimentaire comprenant le silurien, le dévonien et même, d'après M. Roussel [2] le permo-carbonifère au port de Paillières. Le granite a métamorphisé tous ces sédiments qui possèdent des compositions pétrographiques variées (schistes, quartzites, calcaires). La mise en place du granite s'est effectuée par dissolution graduelle des roches sédimentaires dont il occupe la place et dont on trouve des lambeaux plus ou moins modifiés au milieu de sa masse. Les schistes se sont prêtés aisément à cette dissolution, il n'en a pas toujours été de même pour le calcaire qui a en partie résisté à l'assimilation et forme de hautes falaises, de toutes parts entourées et imprégnées par le granite, qui, à son tour, a subi à leur contact d'importantes modifications endomorphes.

Le croquis ci-joint (fig. 1) donne une idée de la disposition des roches dont il va être question dans ce mémoire : les contours n'en sont que provisoires. Pendant le séjour que j'ai fait sur ces crêtes inhospitalières, un mauvais temps persistant ne m'a pas permis d'effectuer le travail de détail que j'espère accomplir au cours de ma campagne d'été. L'imprégnation par le granite des assises

[1] Une bonne carte au $\frac{1}{40.000}$ et des indications géographiques intéressantes sur le Donezan se trouvent dans la description botanique du Massif de Laurenti, par Jeanbernat et Timbal-Lagrave (*Mém. sc. phys. et nat. Toulouse*, 1879). J'ai adopté l'orthographe employée par ces auteurs dans les cas où celle de la carte d'état-major n'est pas conforme à l'orthographe usitée dans le pays.

[2] *Bull. Carte géol. France*. V, n° 35, 1893. C'est ce savant qui a établi la postériorité de ce granite au permo-carbonifère.

sédimentaires, surtout au Sud-Est, est du reste tellement complexe qu'il est impossible d'en représenter tous les détails, même sur une carte à grande échelle.

Les contacts intéressants du granite avec les calcaires, alternant ou non avec des schistes, se trouvent au col de Pailhères (1.973 mètres) : ils suivent le flanc occidental des pics de Mounégou, du roc de la Maouré, passent au col de la Maouré, sur un contrefort du pic de Tarbésou. A partir de l'étang noir, au pied de Sarrat-des-Escales, les schistes à peu près seuls sont touchés par le granite, les contacts atteignent le sommet de Gabantsa, le roc de Braguès d'Orlu,

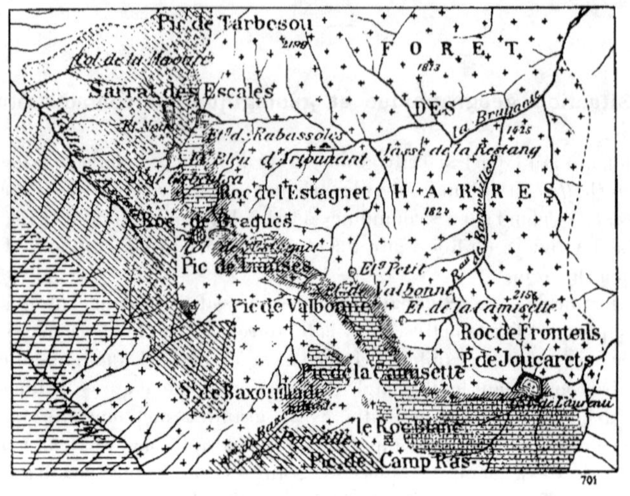

Granite.

Roches produites par l'endomorphisme du granite.

Schistes paléozoïques.

Schistes métamorphisés.

Gneiss.

Calcaires métamorphisés avec lits de schistes et de granite.

Calcaires métamorphisés.

Fig. 1. — Carte géologique du bassin de la Bruyante (canton de Quérigut).

le pic de Lianzès, passent dès lors du côté de la vallée de l'Oriège, au-dessus de Seix d'Orlu pour aller à Baxouillade ; à partir de là, les contacts s'observent à la fois entre le granite et les schistes et les calcaires.

En avant des contacts et au milieu du granite, se trouvent isolés les massifs calcaires ayant résisté à la dissolution. Ils peuvent être suivis avec de nombreuses interruptions depuis le pied du col de la Maouré, le roc de l'Estagnet, les crêtes qui dominent, à l'Est, l'étang de l'Estagnet, les alentours du pic (2.322 m.) et de l'étang de Valbonne (Balbonne), le pic de la Camisette (2.500 m.), le roc Blanc (2.543 m.) et les crêtes dominant l'étang de Laurenti, le sommet des Clots de Légua plus à l'Est, etc. ; il en existe en outre des lambeaux de moindre importance plus au Sud.

Le granite, les massifs calcaires isolés au milieu de lui et les schistes métamorphiques sont entamés par de profondes déchirures, origine des petites vallées dans lesquelles coulent les ruisseaux de Rabassolès (étang Noir, étang Bleu, étangs de Rabassolès, de l'Estagnet), de Vallbonne et de Barbouillères dont la réunion constitue la Bruyante, puis la vallée d'Artagnet ou de Laurenti [1]. Ces ravins permettent de voir d'innombrables et merveilleux contacts, parfois visibles sur des murailles verticales, ayant plusieurs centaines de mètres de hauteur. Leurs éboulis grandioses, dans lesquels s'entassent pêle-mêle, roches normales, roches endomorphisées ou exomorphisées, fournissent au minéralogiste la possibilité de recueillir, parfois sur les mêmes points, des collections complètes de tous les types qui vont être étudiés dans ce mémoire.

§ II. — Granite.

Le granite de la région de Quérigut est un granite à biotite, à gros grains. Il est très souvent rendu porphyroïde par l'existence de cristaux blancs de microcline atteignant plusieurs centimètres (Quérigut, forêt des Harres, etc.) ; les variétés porphyroïdes ne se rencontrent pas aux contacts *immédiats*.

L'examen microscopique montre une composition normale de granite : la biotite est riche en cristaux d'apatite, de zircon (auréoles pléochroïques) : les plagioclases sont assez abondants, ils ont des formes nettes et, suivant les échantillons considérés, varient de l'albite à l'andésine, mais restent souvent très acides.

Ces minéraux sont moulés par de très grandes plages de microcline et d'anorthose, avec très fréquentes macles de Carlsbad. Le feldspath potassique, absolument dépourvu de macles tricliniques, est rare : la plupart des cristaux qu'un examen superficiel ferait prendre pour une orthose sont en réalité finement maclés suivant la loi de l'albite. Le quartz est pour la plus grande part granitique (xénomorphe) : cependant, il existe aussi parfois des grains arrondis, englobés dans le microcline ou l'anorthose ; les grandes plages xénomorphes se transforment localement en agrégats granulitiques, indiquant une tendance à la structure microgranitique qui devient nette dans certains types de contact. Dans quelques parties du massif (blocs éboulés dans la haute vallée d'Ascou), on observe un peu de microcline grenu au milieu de ce quartz rétracté.

Comme accident minéralogique, je n'ai à citer qu'un peu de muscovite (Quérigut), de sphène. Le granite de Quérigut est dans nombre d'affleurements re-

[1] La Bruyante et le Laurenti se réunissent près de Rouze pour former la Sonne, qui, à 2 km. plus loin, se jette dans l'Aude sous la butte d'Usson.

marquablement frais : le microcline et l'anorthose sont généralement dépourvus des altérations micacées, qui abondent au contraire dans les plagioclases.

Enclaves. — Le granite est, au voisinage des contacts, extraordinairement riche en enclaves : celles-ci seront décrites plus loin à la suite des roches de contact; elles possèdent en effet la composition et la structure de quelques-unes de celles-ci.

Transformations d'origine mécanique. — En de nombreux points du massif, le granite a été soumis à de puissantes actions mécaniques qui ont profondément modifié sa structure. La tranchée de la nouvelle route, située immédiatement au-dessous de Quérigut, permet de voir au milieu du granite porphyroïde des parties offrant les déformations maximum et présentant la structure macroscopique de gneiss œilletés, dont les yeux sont formés par les grands cristaux de microcline du granite normal.

Au microscope, on constate que tous les éléments sont tordus ou brisés ; les grands cristaux de feldspaths sont traversés dans tous les sens par des fentes remplies de quartz finement grenu. Les plages anciennes de quartz sont elles-mêmes tordues, présentant des extinctions roulantes ; elles sont souvent consolidées par du quartz analogue à celui des fentes feldspathiques. La biotite a été écrasée et remplacée par un fouillis de lamelles de biotite néogène, mélangée de paillettes de séricite. Celles-ci abondent aussi dans les feldspaths, formant, au milieu des débris de ceux-ci, des traînées parallèles à la schistosité de l'échantillon.

Des roches semblables se trouvent à la porteille d'Orlu, près du lac Noir, etc.; dans celles de ce dernier gisement, les plagioclases sont remplis de lamelles de muscovite secondaire et de granules de zoïsite.

§ III. — Contacts du granite.

Le granite peut être observé au contact immédiat : 1° des schistes et des quartzites dépourvus de calcaires ; 2° des calcaires avec ou sans intercalation de lits schisteux ; 3° de schistes renfermant des alternances des lits calcaires accessoires. Il est nécessaire d'étudier isolément ces divers cas.

1° Contact avec les schistes et les quartzites.

a) *Modifications exomorphes.*

Les schistes ardoisiers au contact du granite se transforment en ***schistes micacés*** à cristallinité croissante : les zones de schistes maclifères, de cornéennes à andalousite si fréquentes dans tant de gisements et notamment de gisements pyrénéens, manquent complètement : les schistes micacés les plus cristallins offrent un aspect de micaschistes et au contact immédiat du granite présentent des phénomènes de feldspathisation qui permettent de les comparer à de véritables gneiss.

Les modifications dont il s'agit ici sont remarquables par leur intensité. La feldspathisation ne constitue pas seulement dans cette région un épisode minéralogique intéressant ; elle s'observe en certains points et notamment aux contacts de Baxouillade sur plusieurs centaines de mètres et leur intensité y est telle qu'il est nécessaire de suivre pas à pas la zone de contact pour pouvoir déceler la véritable nature des roches qui ont pris naissance dans de semblables conditions.

α. *Schistes et quartzites intacts.* — Les schistes intacts (siluriens ou dévoniens) ne présentent pas d'intérêt minéralogique : ce sont des phyllades noires ou grises, par places utilisées comme ardoises. L'examen microscopique y fait voir des débris de quartz et une grande abondance de très fines lamelles de séricite, de chlorite, avec des produits ferrugineux opaques. Assez fréquemment, ces phyllades renferment des lits de quartzites à peu près exclusivement constitués par des grains de quartz.

β. *Schistes micacés.* — Quand on se rapproche du granite, on rencontre les modifications habituelles si souvent décrites : la cristallinité des schistes augmente, grâce au développement de paillettes de biotite qui deviennent bientôt assez abondantes pour donner à la roche sa couleur prédominante

L'examen microscopique permet de suivre les progrès du développement de cette biotite dont les lames moulent les grains de quartz (Pl. I, fig. 1, à droite) qui augmentent peu à peu de taille et deviennent plus abondants ; les produits ferrugineux se modifient et l'on peut voir leurs petits grains opaques se transformer sur les bords en lamelles translucides brunes d'ilménite. De petites aiguilles de tourmaline ne s'observent que dans quelques gisements.

Le type *schiste micacé noduleux* ne se trouve que dans un petit nombre de points (port de Paillhères, flanc ouest du Tarbésou près le petit col de la Maouré, entre le sommet de Gabantsa et le Sarrat d'Escales); les nodules, offrant tous la même orientation, sont riches en petites paillettes micacées et pauvres en quartz. Ils sont entourés par des grains de quartz d'assez grande taille, eux-mêmes enveloppés par de la biotite; ces nodules représentent des parcelles de schistes parvenues à un stade moins avancé du métamorphisme que le schiste micacé qui les renferme.

Quand le schiste micacé devient à très grands éléments, la roche est comparable à l'œil nu à un véritable micaschiste et l'on y voit accidentellement des minéraux intéressants. A Seix d'Orlu, près le petit étang, j'ai recueilli des types renfermant un peu d'*andalousite* rose en grands cristaux squelettiformes, englobant le quartz : plus rarement, il existe aussi de la cordiérite offrant la même structure. La sillimanite est extrêmement abondante en longues aiguilles enchevêtrées (fibrolite) : il existe aussi de la muscovite en grandes lames.

A la montée de la Porteille de Baxouillade, faisant communiquer la vallée de ce nom avec celle de Laurenti, se trouvent quelques lits de schistes micacés à *grenat almandin*, *cordiérite* et *sillimanite*. Contrairement à ce qui s'observe dans les roches précédentes, le quartz de ces schistes n'est pas calibré et forme souvent des glandules ou de petits lits à plus grands éléments qui moulent la biotite. Le grenat a des formes nettes b^1 (110), mais sa structure est pœcilitique, notamment au centre des cristaux; il enveloppe dans ses cavités du quartz, de la magnétite, mais il est antérieur à la biotite et à la sillimanite.

Beaucoup plus à l'ouest de la région étudiée, les schistes micacés sont très riches en grosses tourmalines (Pla Bernard, près le pic de Ginevra).

Dans tous les schistes micacés étudiés, les inclusions de zircon dans la biotite sont abondantes et toujours entourées d'auréoles pléochroïques; il est intéressant de noter que ces zircons sont beaucoup plus nombreux que dans le granite lui-même.

Les auréoles pléochroïques sont parfois très intenses dans la cordiérite autour des zircons. Dans un schiste micacé recueilli près de la rive droite de l'Oriège, j'ai observé des lamelles de biotite englobées dans de la cordiérite et renfermant sur leurs bords une inclusion de zircon en partie engagée dans la cordiérite, le mica et la cordiérite ayant l'un par rapport à l'autre une orientation quelconque. Par rotation de la préparation, sous le microscope, on fait apparaître successivement ou simultanément, suivant les cas, une auréole jaune d'or dans la cordiérite et une noire dans la biotite.

7. *Leptynolites* [1] (*Schistes micacés feldspathiques*). — Dans la région qui nous occupe, le contact immédiat du granite et des schistes est toujours constitué par une zone feldspathisée.

La feldspathisation peut avoir lieu par imbibition, de telle sorte que l'examen microscopique seul permet de constater le phénomène, mais parfois aussi le granite injecte en nature les feuillets des schistes transformés. Cette injection est souvent localisée au contact immédiat du massif (roc de Braguès d'Orlu), mais parfois le granite lance au loin dans les schistes de minces apophyses. Quand elles sont très nombreuses, les schistes feldspathisés se transforment en roches à aspect gneissique. Dans la vallée de Baxouillade, il existe des passages incessants entre ces granites imprégnés de schistes et les schistes imprégnés de granite: dans de nombreux points, on pourrait se demander si l'on n'est pas en présence d'un véritable gneiss, si l'on ne trouvait çà et là des enclaves abondantes, disposées suivant le rubanement général des schistes voisins. Tantôt ces enclaves sont de petite taille et nombreuses, tantôt elles constituent de véritables lambeaux de couches dans lesquels sont reconnaissables les divers termes de la transformation.

Leptynolites feldspathisés par imbibition. — Le type le plus fréquent des leptynolites est celui qui possède exactement la même structure que les schistes simple-

[1] J'emploie le mot de *leptynolite* dans le sens strict que lui a donné Cordier (Cordier-d'Orbigny, *Description des roches* 1868), qui désignait ainsi des *schistes micacés feldspathiques*. J'ai examiné les types de la collection de Cordier, formés surtout par des échantillons provenant des contacts granitiques de Vire, ils ne contiennent pas seulement des schistes feldspathisés, mais encore toutes les variétés de schistes micacés avec ou sans feldspaths, andalousite et cordiérite : il me semble toutefois plus commode de s'en tenir à la définition de Cordier et de ne pas englober tous les schistes micacés de composition quelconque sous cette même désignation.

ment micacés, mais dans lequel apparaissent des grains de feldspath (orthose, plagioclases) qui ont la même structure que ceux de quartz et sont par suite moulés par la biotite (pl. I, fig. 1, à gauche).

La proportion de feldspaths est extrêmement variable; elle peut être réduite à quelques grains, épars dans la roche, ou au contraire devenir si grande que le quartz ne joue plus qu'un rôle très subordonné ; tel est le cas d'échantillons que j'ai recueillis au roc Blanc (versant de Baxouillade); ils sont presque exclusivement constitués par de gros grains, régulièrement calibrés, d'orthose et d'oligoclase, moulés par des lames de biotite riche en inclusions d'ilménite transparente sur les bords. Dans un des contacts de la vallée de Valbonne, le feldspath dominant est du microcline quadrillé avec du quartz très finement grenu; les lits successifs des schistes montrent de très grandes inégalités dans la dimension des grains des éléments blancs et des lamelles de biotite; il existe en abondance des cristaux de magnétite et de petites aiguilles de zoïsite.

Quand la proportion du mica est assez considérable et que le schiste micacé devient à grands éléments, la roche passe immédiatement au gneiss et c'est alors qu'il devient extrêmement difficile de démêler la véritable origine d'un échantillon donné.

Quartzites. — Les lits exclusivement quartzeux qui sont interstratifiés dans les schistes présentent des phénomènes comparables à ceux qui viennent d'être décrits ; la feldspathisation y est beaucoup moins régulière; le mica est de plus petite taille et plus concentré dans des lits spéciaux. Les lames minces de semblables roches taillées perpendiculairement à la schistosité montrent alors des lits quartzeux avec un peu de feldspath, séparés les uns des autres par de minces membranes micacées qui, dans les échantillons ayant subi des déformations mécaniques, sont transformés en une véritable poussière fine, au milieu de laquelle subsistent encore des lames en partie intactes de mica. Ces quartzites renferment parfois un peu de grenat almandin (l'Estagnet).

Leptynolites feldspathisés par injection. — Dans les leptynolites et les quartzites qui viennent d'être passés en revue, le développement des feldspaths s'est fait par imbibition, sans que la structure de la roche feldspathisée ait été notablement changée; aux contacts immédiats avec le granite, on observe souvent des phénomènes d'un autre ordre. Le granite a été injecté en nature entre les feuillets du schiste: on peut suivre dans celui-ci le trajet de filonnets ayant parfois quelques centimètres d'épaisseur et finissant par se fondre insensiblement avec lui. Les filonnets épais seront étudiés plus loin, je ne m'occuperai ici que des injections lits par lits.

Les échantillons des leptynolites offrant de semblables phénomènes d'imprégnation ont un aspect macroscopique très caractéristique. Dans une cassure perpendiculaire à la schistosité (Pl. I, fig. 2), on voit des éléments feldspathiques plus gros, disposés irrégulièrement dans la roche qui prend ainsi un aspect glanduleux. Dans les cassures parallèles à la schistosité, les glandules feldspathiques, souvent constitués par un seul cristal, sont en relief au milieu des lamelles de mica.

Les contacts de l'Estagnet, de Valboune, de la haute vallée de Baxouillade près du roc Blanc, de la Porteille de Baxouillade et de la vallée de Laurenti, m'ont fourni les types les plus caractéristiques de ce genre de modification.

Les lames minces de ces schistes injectés montrent les grands cristaux de feldspaths, développés au milieu du schiste micacé ayant la même structure que dans les types précédents. Ils sont constitués par de l'orthose, ou plus souvent par des plagioclases (oligoclases, andésines) ; ils sont souvent corrodés, brisés et ressoudés par du mica (Pl. I, fig. 3).

b) *Modifications endomorphes du granite.*

Au contact immédiat des schistes, le granite perd ses grands cristaux de microcline. Les veinules injectées ont d'ordinaire une texture aussi cristalline que le granite normal. Parfois l'examen microscopique ne montre aucune différence de structure avec celui-ci, à l'exception de traces d'actions dynamiques, ayant déterminé des déformations dans la plupart des minéraux de la roche (feldspaths et quartz brisés, biotite froissée), mais souvent, il existe des modifications d'un autre ordre.

La biotite, les plagioclases conservent alors les mêmes caractères que dans le granite normal, mais le quartz se présente exclusivement sous la forme *microgrenue*. Il est parfois accompagné d'une petite quantité de feldspaths offrant la la même structure. Le granite se rapproche du *microgranite* sans y arriver tout à fait cependant : il offre en effet toujours cette particularité d'être extrêmement riche en grands cristaux, de telle sorte que le second temps est très réduit, ce qui explique que la roche, examinée à l'œil nu, ne se distingue pas du granite normal.

Cette modification structurelle est souvent accompagnée d'une transformation chimique ; les plagioclases sont plus abondants et souvent plus basiques que dans le granite normal. Le microcline est rare ou absent ; les plagioclases zonés varient de l'albite au labrador avec zones concentriques remarquables ; le *quartz vermiculé* est souvent abondant dans les grains d'orthose microgranitique, mais cette particularité n'a pas la même généralité que dans les contacts de Flamanville, décrits par M. Michel Lévy[1].

Enfin, quand on étudie le contact des veinules granitiques et des schistes, on rencontre dans le granite des lambeaux de schistes micacés feldspathiques et un passage insensible avec les schistes injectés étudiés plus haut. Les grands cristaux de feldspaths du granite sont alors enveloppés par les traînées micacées des schistes. Dans la zone de contact, où l'imprégnation granitique est très intense, il y a formation de véritable granite gneissique, offrant des variations de structure remarquables : suivant les échantillons étudiés, ce sont les éléments du granite ou au contraire ceux des schistes qui dominent.

La vallée de Baxouillade est remarquable à cet égard. C'est par elle que j'ai

[1] *Bull. Carte géol. France*, V, nº 36, 29, 1893.

abordé pour la première fois ce massif, alors que je n'avais pas encore vu les contacts nets. J'hésitais à chaque pas sur la dénomination à attribuer aux roches nombreuses qui semblent par places être du gneiss granitique, mais avec larges enclaves de blocs de schistes et parfois énormes lambeaux incomplètement modifiés dans lesquels il est possible de retrouver tous les stades décrits plus haut. La question vient encore se compliquer par suite de l'existence de lits calcaires, dont il sera question plus loin.

Le meilleur exemple de ces granites microgranitiques se trouve, pour les types riches en microcline, à la Porteille d'Orlu, pour ceux riches en plagioclases, sur le revers nord du roc de Braguès d'Orlu vers l'Estagnet et la carrière de talc, dans la vallée de Baxouillade (très abondants), au sommet du pic de Récantous, etc.

Quand les microgranites et les schistes feldspathiques injectés sont modifiés par action dynamométamorphique, ils présentent un aspect détritique remarquable (sommet du pic de Récantous) que nous allons retrouver prédominant sur la rive gauche de l'Oriège.

2° Contacts avec les calcaires.

La ligne de contact du granite et des calcaires est plus nette que celle du contact du granite et des schistes (exception faite toutefois des lits minces de cal-

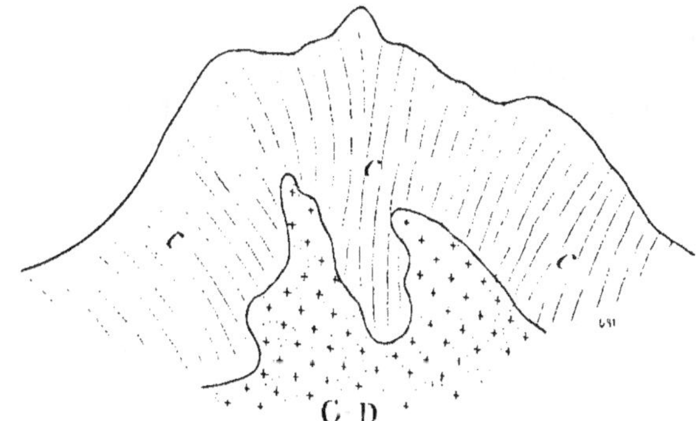

Fig. 2. — Coupe relevée dans la haute vallée de Laurenti.
C. Calcaires à grenat alternant avec des lits minces de cornéennes et de grenatite. — G-D. Granite à hornblende passant à la diorite.

caires intercalés au milieu des schistes), et cependant, au contact des calcaires, le granite a subi des modifications endomorphiques qui font de la région qui nous occupe un champ d'observation remarquable. Cette netteté des contacts tient à la composition minéralogique, généralement différente des roches sédimentaires exomorphisées et de la roche éruptive endomorphisée.

Les calcaires en bancs homogènes se transforment en marbres, les lits argilo ou quartzocalcaires en cornéennes à grains fins (riches en pyroxène), en grenatites, en épidotites, etc.

Le granite par endomorphisme donne naissance à toute une série de roches à amphibole et biotite, oscillant entre des *granites à hornblende* et des *péridotites à*

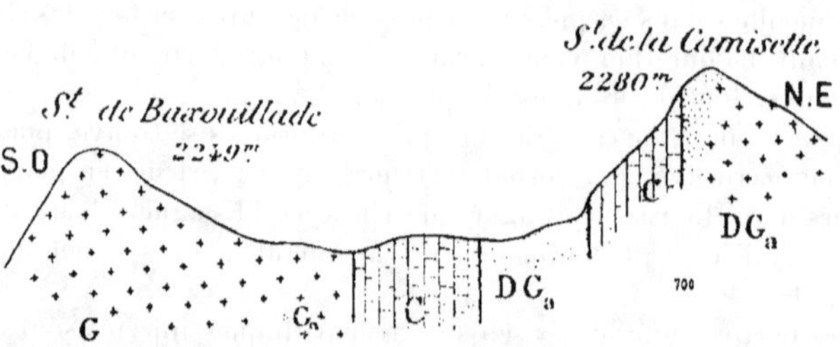

Fig. 3. — Coupe traversant le haut de la vallée de Baxouillade.
C. Calcaires à grenat et grenatite : — G. Granite : — Ga. Granite à hornblende : — D. Diorite.

hornblende par l'intermédiaire de *diorites quartzifères*, de *diorites* et plus rarement de *norites à hornblende*.

Ces passages se produisent d'une façon très variée, tantôt par gradation insensible et tantôt par sauts brusques. Sur la rive orientale de l'étang de l'Estagnet, le passage du granite à la diorite quartzifère et à la norite à anorthite s'observe sur une distance de 25 mètres environ. En montant de ce même étang au petit col de Lianzès, situé à l'est du pic du même nom, j'ai recueilli tous les types endomorphisés décrits plus loin, sans exception, sur une hauteur verticale de moins de 200 mètres ; ces types divers sont mélangés sans ordre apparent et un même bloc d'un mètre cube présente fréquemment plusieurs d'entre eux.

Dans un contact donné, l'intensité de l'endomorphisme est variable, mais le phénomène est constant, sauf l'exception apparente indiquée plus loin. L'existence de roches basiques est liée d'une façon nécessaire à la présence des calcaires. Je ne les ai jamais trouvées en masses, amas ou filons indépendants ; j'en ai fait bien souvent l'expérience : chaque fois qu'en parcourant cette région j'ai rencontré dans les éboulis des fragments des types endomorphisés qui seront décrits plus loin, je me suis mis à leur recherche et j'ai toujours trouvé au milieu de leur gisement quelques lambeaux calcaires existant au voisinage ou bien constaté qu'ils se trouvent sur le prolongement de lambeaux calcaires encore en place. C'est le premier cas qui a eu lieu pour un petit pointement calcaire que j'ai trouvé au-dessus de l'Estagnet de Seix, petit pointement n'ayant que quelques mètres cubes et entouré d'une auréole très nette de diorite quartzifère (fig. 4).

L'intensité de l'endomorphisme est en rapport évident avec la quantité de calcaire disparu, les roches endomorphisées formant une auréole autour des lambeaux de calcaire qu'elles englobent : entre l'étang de Valbonne et l'étang Bleu, on voit très nettement que leur épaisseur est d'autant plus grande que la bande calcaire subsistante est plus étroite; là où elle a disparu se trouvent les types les plus basiques. Des coupes parallèles entre elles, faites perpendiculairement au contact, mettent ce fait en pleine lumière.

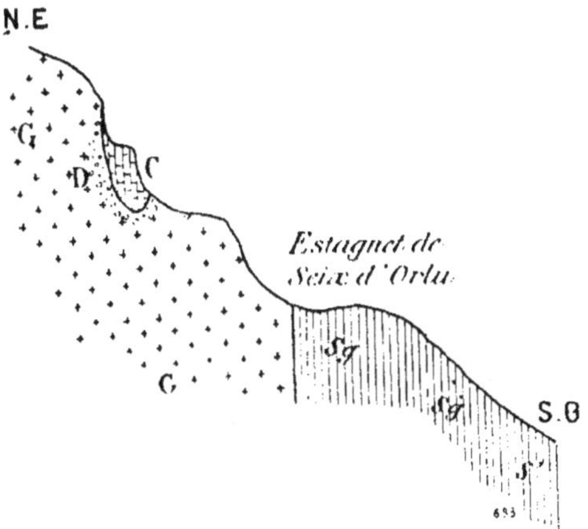

Fig. 4. — Coupe passant par un contrefort du pic de Liauzès et l'Estagnet de Seix.
C. Calcaires à grenat, alternant avec lits de grenatite :— S'. Schistes micacés ; — S'g. Schistes micacés à faciès de micaschistes ; — Sg. Leptynolites (schistes micacés feldspathisés) : — G. Granite : — D. Diorite.

J'ai dit que l'auréole endomorphique est presque constante : il existe en effet quelques exceptions, mais qui s'expliquent aisément. Quand le calcaire était ori-

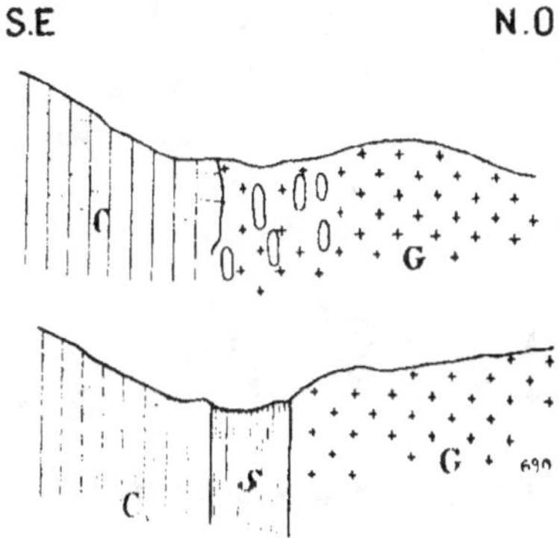

Fig. 5 et 6. — Coupe relevée à l'Est de l'étang de Valbonne.
C. Calcaires à grenat.— S. Leptynolites.— G. Granite.

ginellement intercalé dans des schistes, ceux-ci ont dû être tout d'abord corrodés par le granite pour que le contact de celui-ci avec les calcaires puisse avoir lieu. Or, quand cette assimilation des schistes a été produite, le magma granitique a pu se trouver dans des conditions telles que la continuation de l'assimilation n'était plus possible, il s'est alors consolidé sous sa forme normale contre la paroi calcaire. J'ai relevé sur une petite éminence voisine du bord Est de l'étang de Valbonne, les deux coupes suivantes, montrant la réalisation de ces conditions : dans la figure 5, on voit le granite normal en contact avec le calcaire, il est extrêmement riche en enclaves de schistes ; la coupe 6, faite à 25 mètres plus loin, montre ce même granite, séparé du calcaire par un lit de schistes, correspondant aux enclaves de la coupe précédente.

Le phénomène inverse s'est quelquefois produit et on verra plus loin que le granite endomorphisé par digestion de calcaire se trouve alors injecté dans les schistes qu'il a modifiés.

a) *Modifications exomorphes.*

α. *Calcaires et schistes calcaires intacts.* — Les assises calcaires intactes consistent, soit en bancs épais, homogènes, de calcaire, blanc ou noir, soit en alternances, maintes fois répétées de calcaires, compactes ou schisteux et de lits minces argileux ou siliceux. Sur les surfaces exposées à l'air, le calcaire se dissout, laissant en relief les lits siliceux ; quand cet ensemble est plissé la structure ru-

Fig. 7. — Photographie (réduite au 1/3 environ) d'un échantillon de calcaires alternant avec des lits siliceux : ces dessins sont en relief.

banée apparaît avec une netteté admirable que connaissent bien tous les géologues qui ont visité les régions paléozoïques des Pyrénées. La figure 7 est la reproduction d'un échantillon de la collection du Muséum provenant du Vigan

(Gard) et offrant cette structure extraordinairement développée dans les assises paléozoïques des Pyrénées.

Au contact du granite, toutes ces roches subissent des modifications intenses, les calcaires homogènes sont transformés en véritables marbres, plus ou moins riches en minéraux, les assises siliceuses ou argileuses en types variés de roches métamorphiques dont les variations de composition minéralogique trahissent le défaut d'homogénéité originelle des sédiments métamorphisés.

β. Calcaires marmorisés. — Les calcaires cristallins sont blancs ou verdâtres, tantôt durs, compacts et offrant la texture de véritables marbres, tantôt au contraire fragiles et se délitant facilement en un sable cristallin (avant l'étang de Valbonne). Aucun des échantillons que j'ai essayés n'est constitué par de la dolomie, tous se dissolvent avec la plus grande facilité dans l'acide chlorhydrique étendu et froid et ne contiennent que des traces de magnésie.

Au microscope, ces marbres se montrent constitués par des grains enchevêtrés de calcite, riches en macles polysynthétiques b^1 (0112), offrant souvent de remarquables phénomènes de torsion.

Ces calcaires sont d'ordinaire riches en minéraux métamorphiques; le plus fréquent d'entre eux est le grenat grossulaire jaune rougeâtre, plus rarement brun rougeâtre. Il se présente en cristaux nets, b^1 (110), ayant en moyenne la grosseur d'une noisette, mais pouvant atteindre 5 centimètres de diamètre ou n'avoir que quelques milimètres. Ces grenats sont parfois extrêmement abondants; les surfaces calcaires exposées à l'air, les montrent en relief, par suite de la dissolution de la calcite. On voit alors que fort souvent ils ont une structure pœcilitique, englobant un grand nombre de grains de calcite qui laissent des trous après leur dissolution. Cette structure pœcilitique apparaît plus nette encore dans les lames minces : on y voit que le grenat est riche en inclusions de pyroxène, de quartz, d'épidote, etc. Je renvoie pour plus de détails sur ce grenat à ma *Minéralogie de la France*[1], dans laquelle j'ai décrit ce minéral, sous le nom de grossulaire *type Arbizon*. Dans les Pyrénées, il est extrêmement caractéristique des calcaires métamorphisés par le granite et s'observe dans ces conditions sur toute l'étendue de la chaîne. Dans notre région, il existe d'une façon continue dans toute la zone calcaire et notamment au roc de l'Encledous (au-dessous du port de Paillhères), au roc de l'Estagnet, à l'étang de l'Estagnet, à l'étang de Valbonne, au pic de Ginevra et plus à l'est jusqu'à Puyvalador (Pyrénées-Orientales). Il est fréquent d'y voir des falaises de plusieurs centaines de mètres, dans lesquelles ce grenat est réparti d'une façon presque régulière.

L'idocrase, si fréquente dans les contacts de calcaires des Hautes-Pyrénées (Arbizon, Péguères) est peu abondante : on la rencontre au roc de l'Encledous, au roc Blanc, au pic de Camp Ras. Elle s'y trouve le plus souvent en cristaux bruns p (001), m (110), h^1 (100) $b^{1/2}$ (111), ou en masses bacillaires rappelant *l'egerane* de Bohème. Dans les contacts du roc Blanc, au voisinage du col de Laurenti, j'ai recueilli une variété gris perle d'idocrase bacillaire.

[1] *Minéralogie de la France*, I, 222, 1892.

La wollastonite en masses blanches fibrolamellaires est moins abondante que dans d'autres centres pyrénéens (les Argentières près Aulus, Péguères de Cauterets, etc.)

Les autres minéraux métamorphiques sont de petite taille, mais parfois extrêmement abondants, ce sont : un *pyroxène* vert foncé, d'un vert pâle en lames minces, des amphiboles (*actinote* vert pâle ou *hornblende* très foncée et très pléochroïque d'un vert sombre), une *épidote*, blanche ou grise, du quartz, des feldspaths [*orthose* ou *plagioclases* (*oligoclase* à *anorthite*)]. Ces divers éléments sont distribués dans les plages de calcite ou sont moulés par elles ; leurs cristaux sont arrondis et sans forme distincte. Au voisinage des lits siliceux, la proportion des silicates augmente insensiblement et l'on passe aux divers types suivants de roches silicatées.

γ. *Grenatites*. — Les grenatites d'un rouge jaunâtre clair sont extrêmement abondantes dans les calcaires à grenat : elles y forment des lits répétés, ayant souvent plusieurs mètres d'épaisseur. Elles sont essentiellement constituées par du grenat grossulaire massif, englobant des grains de calcite ou de pyroxène ; celui-ci forme au milieu du grenat des groupements pœcilitiques ou parfois pegmatiques par suite de l'orientation d'un grand nombre de ses cristaux dans un même rhombododécaèdre de grenat (Roc Blanc). Ces grenatites renferment souvent des lits minces ou des nodules de calcite qui, par dissolution naturelle ou artificielle, montrent des géodes tapissées de cristaux de grossulaire, plus purs que ceux que l'on trouve disséminés dans le calcaire marmoréen. Ils sont parfois translucides, d'un brun cannelle ou rouge foncé ; leurs faces sont brillantes et, tandis que les cristaux isolés ne présentent jamais que la forme b^1 (110), ils offrent souvent la combinaison b^1a^2 (211). Il existe tous les passages entre ces grenatites et les calcaires à grenat. Quelques-unes de ces roches sont en outre riches en microcline (l'Estagnet).

δ. *Epidotites*. — Je désigne sous ce nom les roches produites aux dépens des lits silicocalcaires et dans lesquelles l'élément métamorphique dominant est un minéral du groupe de l'épidote (*épidote* ou *zoïsite*) ; ces épidotites sont de couleur claire, blanches, rosées, jaunes ou d'un jaune verdâtre, parfois tigrées de vert quand elles contiennent de l'amphibole ; elles sont compactes, très denses. Les dimensions de leurs éléments constitutifs sont variables d'un échantillon à un autre et parfois dans les divers lits d'un même bloc.

L'épidote ou la zoïsite constituent parfois à elles seules ces épidotites ; le plus souvent, elles sont associées à des amphiboles (actinote ou hornblende), à un pyroxène incolore en lames minces, ayant parfois les plans de séparation et les macles suivant h^1 (100), à du sphène, de la calcite, enfin presque toujours à du quartz grenu et de l'orthose (Balbonne, contact du col de la Maouré, l'Estagnet, Roc Blanc, Ginevra). Les plagioclases sont rares dans de semblables roches.

Ces épidotites sont souvent associées aux grenatites : dans ce cas, une coupe perpendiculaire à la couche métamorphisée montre toujours l'épidotite placée entre deux lits de grenatite qui, eux, sont en contact avec le calcaire.

ε) *Amphibolites*. — Des lits de hornblende finement grenue (Laurenti) ou lamellaire (Porteille de Baxouillade, descente vers la vallée de ce nom) se rencontrent, alternant avec des calcaires. Ce sont de véritables *amphibolites*.

Un type spécial mérite une mention : je l'ai rencontré alternant en lits minces avec une grenatite sur la rive Est de l'étang de Laurenti. Les lits de grenat sont formés par du grenat et du pyroxène. L'amphibole est une hornblende grenue d'un vert foncé ; il existe des lamelles de biotite, des grains de calcite, d'orthose et de microcline ; la roche est à éléments très fins.

ζ) *Cornéennes feldspathiques*. — Je désigne sous ce nom des roches compactes ou finement grenues qui offrent une analogie frappante avec quelques-uns des gneiss à pyroxène que j'ai décrits aux environs de Saint-Nazaire et d'une façon plus générale avec les gneiss à pyroxène dérivant des cipolins. De même que ces derniers, on les voit du reste naître par augmentation progressive des éléments silicatés dans les calcaires métamorphiques, au milieu desquels elles forment des lits minces (pl. II, fig. 5).

La composition de ces cornéennes est extrêmement variée. Je me contenterai d'en décrire quelques échantillons : l'un d'eux provient du Roc Blanc (flanc Sud vers Baxouillade) : il est constitué par de l'augite d'un gris verdâtre en lames minces, de la hornblende d'un vert vif, d'un peu d'ilménite bordée de sphène, de biotite et de zoïsite et enfin de feldspaths et de quartz ; celui-ci est très abondant en grains fins. Les plagioclases très basiques (bytownite et anorthite), maclés suivant les lois de l'albite et de la péricline, et finement quadrillés, sont par places englobés dans des plages pœcilitiques d'orthose, de quartz, au milieu desquelles elles apparaissent en relief par l'emploi du procédé Becke.

Un autre échantillon recueilli près du pic de Ginevra, possède une composition analogue, mais la hornblende se présente en longues baguettes qui englobent pœcilitiquement les éléments blancs ; elle est en outre riche en biotite moulant ces derniers comme dans les schistes micacés. Dans le calcaire, au voisinage de cette cornéenne, la hornblende conserve la même structure.

Enfin, un échantillon du roc de l'Estagnet offre des alternances de lits à très grands éléments et d'autres à grains fins. Dans les premiers, du grenat, du pyroxène et un peu de calcite sont associés comme dans les grenatites et englobés par d'énormes plages de *microcline*, alors que dans les seconds, les mêmes éléments sont uniformément et finement grenus (pl. II, fig. 6).

Il est extrêmement remarquable que dans toutes les roches qui viennent d'être passées en revue, le pyroxène soit un élément des plus fréquents, alors qu'il manque d'une façon absolue dans les granites endomorphisés. L'association fréquente de l'orthose et de plagioclases basiques allant jusqu'à l'anorthite est à comparer à celle que j'ai signalée dans les cornéennes de contact de la lherzolite.

η. *Bancs de talc*. — C'est presque comme des enclaves qu'il y a lieu de considérer deux lambeaux de talc schisteux sur lesquels ont été tentées des recherches. L'un d'eux se trouve sur un contrefort du roc de Braguès d'Orlu, au-dessous du col de l'Estagnet, l'autre dans une prairie marécageuse (Mouillère de las

Cucquès), au-dessous de l'étang de Rabassolès et près du confluent de la Bruyante et du ruisseau de l'Estagnet, près de la cabane d'Artounant.

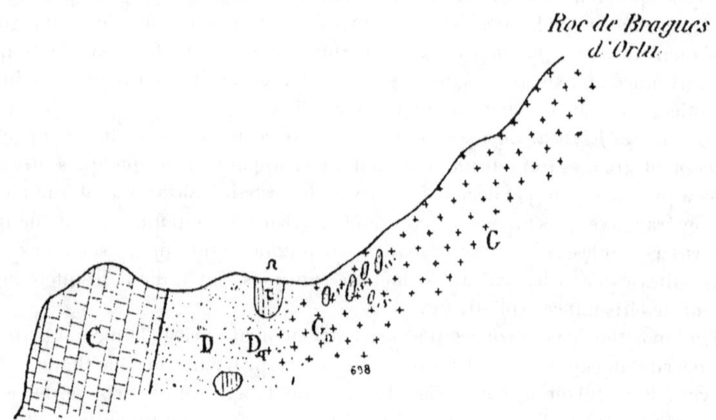

Fig. 8. — Coupe N. S. passant à 200 mètres environ au N.-O. du col de l'Estagnet.
C. Calcaires à grenat et grenatites ; — τ. *Talc* ; — S. Leptynolites ; — G. Granite ; — G_a. Granite à hornblende ; — D. Diorite.

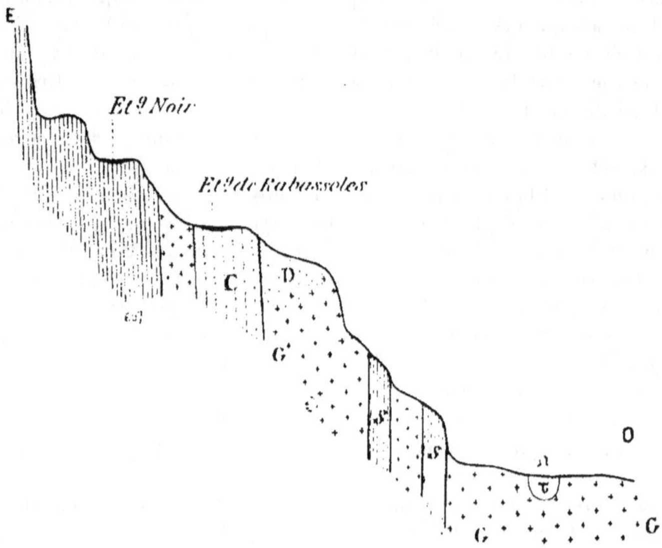

Fig. 9. — Coupe longeant le ruisseau de Rabassolès.
S. Schistes micacés ; — C. Calcaires à grenat ; — G. Granite et granite à hornblende ; — D. Diorite; — τ. *Talc*.

Ces lambeaux n'ont que quelques mètres d'épaisseur et leur affleurement n'est visible que sur quelques mètres aussi dans le sens de la direction des couches ; à leur contact, le granite est endomorphisé, comme au voisinage des calcaires ; la roche talqueuse est blanche ou d'un blanc verdâtre, avec lits noirâtres.

Dans les échantillons blancs, le microscope ne montre qu'un fouillis de très petites lamelles de talc, mélangées parfois (Rabassolès) d'aiguilles de trémolite. Les variétés vertes renferment une chlorite incolore peu biréfringente (pennine à un axe positif), disposée en lits distincts ou mélangée aux lamelles talqueuses. Elles sont souvent accompagnées de granules ferrugineux opaques qui, par leur abondance, déterminent la coloration noire du talc. Près du col de l'Estagnet, le talc est, par places, séparé du granite par une zone schisteuse verte, presque exclusivement constituée par cette chlorite riche en inclusions ferrugineuses et en très fines ponctuations de calcite.

Les schistes renferment quelques lentilles de calcite spathique qui, par dissolution, laissent à découvert des rosettes hexagonales de talc.

Il est probable, bien qu'on ne puisse l'affirmer, que ces lambeaux talqueux résultent de la transformation de bancs calcaires aucune partie de la roche originelle n'ayant échappé au métamorphisme. Notons, en effet, que des lits de talc se trouvent intercalés [1] dans les calcaires paléozoïques au voisinage de roches granitiques dans divers gisements des Pyrénées-Orientales, de l'Ariège (Trimounts et Pitourless en Lordat dans le massif du Saint-Barthélemy, de la haute vallée d'Ustou, etc., où ils sont ou ont été exploités activement.

b). *Modifications endomorphes du granite.*

Les modifications endomorphes du granite se manifestent par la disparition successive des grands cristaux de microcline, de l'orthose et de l'anorthose, par l'augmentation consécutive des plagioclases et par leur basicité plus grande, par l'apparition de la hornblende, et enfin par la disparition graduelle du quartz. Un caractère à noter est la longue persistance du quartz, même dans les types à plagioclases très basiques, et la constance de la biotite. Celle-ci manque rarement d'une façon complète et se rencontre, non seulement dans les granites à hornblende, les diorites quartzifères, les diorites et les norites, mais encore dans les types endomorphiques les plus extrêmes, les hornblendites et les péridotites à hornblende ; l'association de la biotite et de la hornblende constitue l'*air de famille* le plus net de tous ces produits de transformation du granite.

Notons pour terminer que, sauf des cas exceptionnels et sauf les roches dépourvues de feldspaths, qui sont à éléments plus grands, les roches endomorphiques ont sensiblement le même grain macroscopique que le granite normal.

α. Granite à hornblende. — Le premier terme de la transformation endomorphique du granite est constitué par un granite pauvre en hornblende, mais très

[1] *Minéralogie de la France*, I, 451.

riche en plagioclases extrêmement zonés. Dans les échantillons du port de Paillhères et de l'étang de l'Estagnet, les zones sont régulières et présentent entre elles des passages insensibles : les types les plus basiques vont jusqu'à la bytownite, avec prédominance de l'andésine et du labrador. Dans les échantillons provenant du port de Paillhères, j'ai trouvé assez souvent des zones successives formées par des plagioclases voisins de ceux dans lesquels il se produit un changement de signe de l'extinction dans les sections perpendiculaires à n_g ; on observe, par exemple, + 5° dans la partie centrale (andésine-oligoclase) et — 2° (oligoclase-andésine dans la partie périphérique).

Dans les plus basiques de ces granites à amphibole, on voit apparaître des cristaux zonés, à contours corrodés, qui sont si fréquents dans les diorites décrites plus loin.

L'amphibole est une hornblende d'un vert un peu brunâtre en lames minces, présentant assez souvent des auréoles pléochroïques d'un brun verdâtre autour d'inclusions de zircon (Porteille de Baxouillade). Le sphène n'est pas rare ; il existe fréquemment aussi de gros cristaux très zonés d'*allanite*, déterminant des auréoles pléochroïques dans la biotite. Ce minéral est fréquent aussi dans les microgranites d'injection, alors que je ne l'ai pas observé dans le granite normal, mais il est possible que cette particularité minéralogique ne soit qu'une apparence, le nombre d'échantillons de granite endomorphisé que j'ai étudiés étant beaucoup plus grand que celui des granites normaux.

Le mica et le quartz ont la même structure que dans le granite normal ; ce n'est que dans les lits minces de granite, injectés dans les schistes, que le quartz devient microgranitique ; il est d'ordinaire franchement granitique.

J'ai recueilli près de la recherche de talc du col de l'Estagnet, un échantillon présentant de grands cristaux porphyroïdes de hornblende qui atteignent 4 centimètres suivant l'axe vertical : ils sont d'un brun verdâtre, riches en inclusions de sphène, de rutile, et, enfin de larges lames de biotite altérée et décolorée, renfermant des inclusions aciculaires orientées de rutile. Cette biotite est appliquée dans les clivages de la hornblende qui enveloppe ophitiquement les feldspaths voisins ; à part cette particularité, la structure de ce granite à hornblende est normale.

On verra plus loin la description d'un type de granite à hornblende très micacé que j'ai observé au contact des alternances de schistes et de calcaires.

3. *Diorites.* — Les diorites présentent d'assez grandes différences de composition minéralogique : leur caractère commun est de renfermer de la hornblende, presque toujours de la biotite et enfin des plagioclases qui parcourent toute la série depuis l'oligoclase acide jusqu'à l'anorthite. Par addition de quartz, elles passent aux granites à hornblende qui viennent d'être décrits, par disparition des plagioclases, aux hornblendites qui seront étudiées plus loin.

Les caractères extérieurs ne permettent pas de distinguer les diorites très peu quartzifères des termes basiques de cette série. Toutes ces diorites offrent en effet diverses variétés de faciès extérieur qui sont dues surtout à la nature et à l'abondance des éléments colorés ; elles sont généralement à gros grains L'une des principales variétés est une diorite riche en biotite et en hornblende d'un vert noir, dans laquelle les deux minéraux sont également distribués ; par altération, les feldspaths deviennent jaunâtres. Plus rarement, ces diorites sont à grains fins.

Une autre variété (*diorite tigrée*), de couleur plus claire, est plus riche en feldspath et l'amphibole est d'un vert un peu pâle ; la biotite est distribuée irrégulièrement en grands cristaux pœcilitiques ; quelquefois on voit apparaître des cristaux porphyroïdes de hornblende brune [m (110), g^1 (010), e^1 (011)], raccourcis suivant l'axe vertical. Ce type de diorite tigrée est extrêmement caractéristique de ces gisements de contact.

Aux affleurements, les surfaces altérées à l'air de ces diverses diorites prennent une structure verruqueuse qui les fait immédiatement reconnaître de loin.

Enfin, les types de passage aux hornblendites se distinguent par la disparition des éléments blancs ; et en général, par une augmentation dans la taille des éléments colorés. Ce n'est, en effet, que très exceptionnellement (roc de l'Estagnet) que j'ai trouvé des diorites dans lesquelles l'amphibole atteint plus de 2 centimètres suivant l'axe vertical.

La composition minéralogique des diorites est peu compliquée ; elles renferment : amphibole, biotite, plagioclases, parfois quartz et un petit nombre de minéraux accessoires : apatite, sphène, rutile, peu de magnétite et d'ilménite.

Diverses amphiboles se rencontrent dans ces diorites. Un type assez ferrifère d'un vert foncé en lames minces, très pléochroïque, est peu abondant et se trouve surtout dans des diorites à éléments fins (Valbonne, Roc Blanc), micacées ou non. L'angle d'extinction dans g^1 (010) ne dépasse pas 16°. Cette hornblende a parfois des teintes brunâtres et passe à la hornblende brun clair qui est l'amphibole dominante de la série. Son angle d'extinction dans g^1 est de 15 à 20°. A la périphérie des cristaux, la couleur passe au vert pâle ou même disparaît complètement. Il n'est pas douteux que toutes les amphiboles légèrement teintées qui abondent dans la plupart de ces diorites n'aient été originellement brunes. Cette transformation n'influe presque pas sur l'angle d'extinction, mais elle est, au contraire, accompagnée d'une notable différence de biréfringence. Ce changement de couleur se produit, à partir de l'extérieur, tantôt par zones à contours géométriques, tantôt par facules irrégulières.

L'amphibole brune renferme quelquefois de fines inclusions noires d'ilménite opaque et de rutile dont le grand axe est parallèle à l'axe vertical du cristal.

La biotite ne diffère pas de celle du granite : sa couleur est surtout très foncée dans les roches à hornblende d'un vert sombre ; les inclusions du rutile sont assez fréquentes ; par contre, les auréoles pléochoïques autour du zircon sont relativement rares, surtout si on compare à ce point de vue ce mica à la biotite des schistes micacés. La biotite est très fréquemment appliquée entre les clivages de la hornblende, de telle sorte que dans les lames minces, elle se présente sous forme de dentelle au milieu des cristaux d'amphibole.

L'intérêt minéralogique de ces roches se concentre sur les plagioclases qui offrent des variations considérables de composition, non seulement quand on considère des échantillons différents, mais encore quand on examine une même préparation microscopique.

La basicité du type dominant est rarement inférieure à celle de l'andésine : le labrador-bytownite et l'anorthite sont fréquents et dominent dans les diorites non quartzifères. Tous ces plagioclases sont généralement zonés et il est peu de séries pétrographiques pouvant fournir des feldspaths se prêtant mieux à l'application des méthodes optiques et à l'étude des nombreux problèmes dont les épures de M. Michel Lévy et le procédé de M. Fouqué, basé sur la détermination des angles d'extinction des sections normales aux bissectrices, donnent d'élégantes solutions. L'étude de ces feldspaths est du reste facilitée par leur remarquable fraîcheur.

Les zones se produisent parfois par emboîtement successif de couches régulières de composition voisine, se fondant peu à peu les unes dans les autres, mais le plus souvent il n'y a dans un même cristal que deux ou trois zones différentes, avec sauts brusques de composition : j'ai par exemple trouvé des sections de la zone de symétrie dont la partie centrale présentait des angles d'extinction de 40 à 45° (bytownite) avec une bordure s'éteignant à 4 ou 5° (oligoclase-andésine). Ces brusques variations indiquent bien de grandes variations dans la composition du magma en voie de cristallisation ; celles-ci sont mises encore en évidence par la fréquence des corrosions profondes ayant déchiqueté le centre des plagioclases : on voit alors le milieu du cristal occupé par un squelette à formes découpées et irrégulières, alors que la périphérie est très régulièrement construite.

La partie centrale des plagioclases est d'ordinaire la plus basique et ce fait apparaît immédiatement quand on place les cristaux dans une de leurs positions d'éclairement commun. Le centre présente généralement une biréfringence plus forte ; mais ce fait est loin d'être général, fréquemment en effet on observe un centre de labrador cerclé d'anorthite, entouré à son tour de labrador, puis d'andésine.

Ces zones si fréquentes dans les plagioclases des diorites endomorphisées sont absentes dans ceux des calcaires exomorphisés.

Le rutile est localisé dans la biotite et dans la hornblende brune, ses cristaux sont souvent nets, fort allongés suivant l'axe vertical avec macles a^1 (101) ; il est intimement associé à de l'ilménite, un cristal étant souvent en partie transparent et en partie noir et opaque (Valbonne, montée du col de Liauzès). Les minéraux ferrugineux (magnétite, ilménite), sont relativement rares dans toute la série dioritique.

L'apatite (inclusions noires), le sphène, le zircon n'offrent aucune particularité intéressante.

Ces diorites sont remarquablement fraîches, les minéraux secondaires y sont rares, et je n'ai guère à signaler qu'un peu de zoïsite, de calcite, de damourite, de clinochlore et enfin, dans quelques gisements spéciaux, les zéolites qui feront l'objet d'un paragraphe spécial.

Les divers types de diorites offrent d'assez grandes variations de structure. Dans les échantillons à petits éléments, l'amphibole (et le mica) et les plagioclases sont à peu près d'égale dimension, régulièrement mélangés ; leur structure est grenue, leur cristallisation est contemporaine, la hornblende étant englobée par les plagioclases ou les englobant (tendance à la structure ophitique).

Dans les types à plus grands éléments, l'amphibole et le mica prennent fréquemment une taille supérieure à celle des plagioclases ; ils leur sont alors généralement postérieurs et j'ai trouvé des passages nombreux entre la structure grenue et la structure ophitique. La biotite est groupée ophitiquement avec les feldspaths, tout aussi bien que la hornblende (Pl. II, fig. 1).

Dans la variété que j'ai appelée plus haut *diorite tigrée*, les éléments colorés ne sont plus mélangés d'une façon régulière avec les plagioclases qui s'isolent en nids très purs à grains fins ou à gros éléments ; les minéraux colorés sont eux-mêmes de grande taille et ophitiques ; c'est dans ces roches que s'observent les plus beaux types de biotite ophitique. L'ophitisme est aussi fort net dans les types porphyroïdes. J'ai rencontré à la montée du col de Liauzès, une roche ayant des cristaux de hornblende brune de plusieurs centimètres, qui englobent un grand nombre de cristaux de bytownite (Pl. II, fig. 2) et rappellent d'une façon frappante à ce point de vue la diorite anorthique de San Gavino dont j'ai figuré une plaque mince dans ma *Minéralogie de la France*.

Il est assez rare de trouver des diorites dans lesquelles il existe des cristaux porphyroïdes de plagioclases à formes distinctes, entourés par le même minéral en grains de petite taille.

Enfin, dans les variétés de diorite passant à la hornblendite, le feldspath en grandes plages remplit les interstices laissés par les cristaux enchevêtrés d'amphibole.

Le quartz s'observe dans tous les types de structure qui viennent d'être passés en revue ; il moule toujours les feldspaths, soit en plages xénomorphes comme dans le granite, soit en agrégats microgranitiques, comme dans les granites observés au voisinage des contacts (Pl. II, fig. 3). Cette venue microgranitique du quartz n'est pas accompagnée de formation contemporaine de feldspath.

Il ne m'a pas été possible d'établir une relation quelconque entre ces diverses structures et des conditions spéciales de contact ; elles s'observent parfois toutes sur une distance de quelques mètres ou d'autres fois sur quelques centaines de mètres.

γ *Norites*. — Toutes les roches qui viennent d'être décrites sont remarquables par l'absence complète de minéraux du groupe des pyroxènes. J'ai rencontré un petit nombre de types renfermant de la bronzite. Je les ai recueillis sur le bord ouest du petit étang de l'Estagnet, au pied de la recherche de talc. Ce sont des roches à grands éléments, extrêmement tenaces, dans lesquelles on ne distingue à l'œil nu que de grands cristaux de hornblende brunâtre et du feldspath coloré en gris sombre. L'abondance et l'enchevêtrement des individus d'amphibole donnent à ces roches une cassure très irrégulière. Quand on fait miroiter devant une lumière les clivages de feldspath ou d'amphibole, on voit apparaître des taches ternes (structure pœcilitique), formées par les grains de bronzite.

L'examen microscopique montre une très grande quantité de prismes nets : m (110), h^1 (100), g^1 (010), de bronzite terminés par des faces de la zone $b^{1/2}\,x$ (111) (212) ; ils sont un peu aplatis suivant h^1 (100), à peine pléochroïques en lames minces, enveloppés par de très grandes plages de plagioclases (anorthite, bytownite maclées suivant les lois de l'albite et de la péricline) ou de hornblende d'un blond très pâle ; il existe aussi un peu de biotite dont les lamelles sont souvent accolées sur les clivages de l'amphibole. Les feldspaths sont postérieurs à la hornblende (Pl. III, fig. 6).

Les produits secondaires sont abondants : la bronzite clivée et fissurée se transforme en paillettes de talc : ses cristaux altérés sont généralement bordés d'une mince zone d'actinote vert d'herbe dans laquelle s'est concentré le fer du minéral originel. Elle est géométriquement orientée sur le pyroxène rhombique. Les cristaux de celui-ci permettent facilement d'étudier la loi d'orientation des deux minéraux ; c'est celle qui s'observe constamment dans les groupements des pyroxènes monocliniques et orthorhombiques, les faces g^1 (010) des premiers coïncidant avec les faces h^1 (100), du second et réciproquement.

Il se forme aussi dans la roche des nids de longues aiguilles d'une amphibole incolore du groupe trémolite-actinote. Les transformations irrégulières, périphériques ou faculées, de la hornblende brune en hornblende vert pâle sont celles que nous avons déjà trouvées dans les roches précédentes.

On remarquera que la bronzite, qui constitue l'un des éléments prédominants de cette roche, se transforme exclusivement en talc : ce fait est à rapprocher de l'existence dans le granite des lambeaux de lits talqueux dont il a été question plus haut et sur lesquels des exploitations ont été tentées à quelques centaines de mètres de la roche qui m'occupe ici.

A la montée du col de Liauzès, j'ai recueilli une semblable norite dont la totalité de la bronzite est transformée en talc.

C'est au même type de roche qu'il y a lieu de rapporter un échantillon de norite à olivine que j'ai recueilli en blocs éboulés au confluent des ruisseaux de Rabassolès et de Mijanès. Elle est riche en cristaux d'olivine, englobés par de la bronzite. Ces deux minéraux sont moulés par des lamelles de biotite, des cristaux de hornblende ; ce dernier minéral est associé, sous forme ophitique, à de l'anorthite et de la bytownite ; il est brun, mais se transforme à sa périphérie en hornblende verte, comme dans les diorites quartzifères du col de Liauzès.

La bronzite se transforme localement en talc : la roche renferme un peu d'apatite et d'ilménite. Cette roche est intéressante en montrant l'association des deux structures ophitique (amphiboles et feldspaths) et pœcilitique (amphiboles et olivine) dont la première n'est, du reste, qu'un cas particulier de la seconde.

δ. *Hornblendites.* — La disparition progressive des plagioclases dans les diorites conduit à un type pétrographique assez abondant et des plus caractéristiques ; ce sont des hornblendites, essentiellement constituées par de la hornblende et de la biotite (Pl. II, fig. 2). Ces roches sont toujours à grands éléments, elles résistent bien à la décomposition, et par suite, abondent dans les éboulis et dans les ravins descendant de la zone de contact. Elle se remarquent, grâce à la forme arrondie de leurs blocs, parfois creusés superficiellement de cupules. Leur ténacité est extrême, il est parfois presque impossible d'extraire des échantillons convenables.

La montée du col de Liauzès, la basse vallée de l'Estagnet, les contacts de Valbonne, ceux qui se trouvent entre le Roc Blanc et le col de Joucairet, les contreforts du pic de Camp Ras dominant le ravin de la Porteille d'Orlu m'ont fourni les plus grandes masses de ces hornblendites.

La hornblende peu ou pas maclée se rapproche du type brun, avec parfois des inclusions rappelant celles du diallage ; elle se transforme en amphibole verte et celle-ci en amphibole tout à fait incolore. Le changement de couleur s'effectue d'une façon inégale, par facules ; les types vert clair et incolores se produisent parfois indépendamment des cristaux anciens de hornblende, constituant alors un fouillis de petites aiguilles, mélangées à des paillettes de biotite presque incolores. Il y a lieu de signaler en outre la présence fréquente de clinochlore en lames à macles polysynthétiques, parfois l'existence d'un peu d'apatite, de rutile (vallée de la Porteille d'Orlu), l'absence de magnétite ou de tout autre oxyde de fer, au moins en proportion notable.

Dans quelques échantillons, il existe du talc secondaire (petite vallée de la Porteille d'Orlu).

Notons enfin que quelques types de ces hornblendites sont extrêmement riches en biotite qui contiennent généralement alors de nombreuses inclusions de rutile en grains, en cristaux réguliers ou enfin des aiguilles orientées, parallèlement ou perpendiculairement aux faces de la base hexagonale du mica (vallée de Rabassolès, de la Porteille d'Orlu).

Ainsi qu'on l'a vu plus haut, dans les types de passage des hornblendites aux diorites, les plagioclases remplissent des intervalles, laissés entre eux par les cristaux de hornblende (Pl. III, fig 1).

ε. ***Péridotites à hornblende.*** — Le type le plus basique des roches endomorphisées est constitué par des hornblendites riches en olivine. Ces roches sont relativement rares dans la région qui nous occupe ici, ou plutôt je n'ai pas encore mis la main sur leur gisement *principal*, car leurs blocs peuvent être recueillis en abondance dans le ravin de Mijanès. J'en ai recueilli en place dans la vallée de Valbonne, dans le contact de la crête qui sépare le Roc Blanc de celui du pic de Joucairet, ainsi qu'à la montée du col de Liauzès : leur gisement le plus important est dans la vallée de Paraou, sur la rive gauche de l'Oriège, qui sera étudiée dans le chapitre suivant.

L'aspect extérieur de ces péridotites permet de les distinguer à l'œil nu des hornblendites ; leurs éléments sont plus grands, leur couleur plus foncée. On y voit souvent des clivages de hornblende, atteignant 4 centimètres de plus grande dimension et offrant une structure pœcilitique des plus nettes. La roche rappelle comme apparence la péridotite bien connue de Schriesheim dans l'Odenwald.

Au microscope (Pl. III, fig. 4), on constate que la hornblende renferme quelques grains de spinelle, de l'olivine, de la biotite pâle, du clinochlore. L'olivine en gros grains intacts est parfois extrêmement abondante (Valbonne). La structure sera étudiée plus en détail dans le chapitre II.

3° Contacts avec les alternances de schistes et de calcaires.

Dans ce qui précède, j'ai étudié successivement les phénomènes métamorphiques au contact des schistes ou des calcaires, dans les gisements où ces roches se trouvent en masses suffisamment homogènes pour qu'il soit possible de suivre leurs transformations sans être obligé de tenir compte d'actions plus compliquées.

Les phénomènes ne sont pas toujours aussi simples. En effet, il existe de nombreux cas dans lesquels les schistes et les calcaires sont associés en lits alternants très minces, de telle sorte que le résultat de leur transformation conduit à des types mixtes, intermédiaires entre ceux qui ont été décrits plus haut au contact des schistes ou des calcaires. La roche sédimentaire dominante imprime sa caractéristique à l'ensemble des modifications observées.

Le cas le plus intéressant, sur lequel j'insisterai, est celui dans lequel les schistes l'emportent sur les calcaires. Dans de semblables conditions, on n'observe plus de calcaires marmoréens à minéraux, la transformation est plus profonde, les grenatites même sont l'exception, les cornéennes feldspathiques et les amphibolites feldspathiques deviennent presque la règle. Il est facile de s'en assurer dans la vallée de Baxouillade ; quand on remonte celle-ci jusqu'au Roc Blanc, on constate que la proportion de lits calcaires dans les schistes augmente progressivement et ce n'est que lorsque les calcaires deviennent prédominants qu'apparaissent les grenatites, les épidotites et enfin les calcaires à minéraux.

Une autre conséquence de la prédominance des schistes sur les calcaires est l'existence, aux contacts immédiats, de lits injectés par la roche éruptive endomorphisée qui sont absents quand l'élément calcaire moins perméable prédomine.

α. *Schistes et cornéennes micacés.* — Les schistes micacés de cette catégorie de contact ne renferment pas seulement de la biotite comme élément coloré, mais encore de la hornblende, qui possède la même structure que le mica, c'est-à-dire englobe les grains de quartz, ou parfois est englobée par ceux-ci.

Quand les lits calcaires sont abondants, il y a prédominance des cornéennes feldspathiques sur les schistes micacés, mais ces cornéennes sont généralement très micacées et se distinguent ainsi de celles qui résultent de la transformation de lits calcaires indépendants.

C'est ainsi qu'à la montée de la vallée de Baxouillade notamment, j'ai recueilli des cornéennes finement rubanées, constituées par de petits grains de plagioclases basiques (labrador à anorthite), un peu d'orthose, du quartz grenu et beaucoup de biotite et d'amphibole d'un gris verdâtre. Au roc de l'Encledous, un échantillon analogue est plus riche en quartz, l'amphibole peu abondante est remplacée par de la zoïsite : il existe en outre de gros cristaux de grenat.

La figure 5 de la planche I représente le dessin d'un schiste micacé riche en épidotite ou hornblende et en labrador, traversé par une bande grenue à éléments plus grands parmi lesquels dominent le microcline, l'oligoclase et du diopside (Roc blanc).

Schistes injectés et roches injectantes. — Les roches endomorphisées au contact des assises sédimentaires offrent les mêmes types que ceux qui ont été décrits plus haut ; il y a formation fréquente de granites à hornblende : ils sont extrêmement micacés dans les contacts où les schistes dominent ; ils rappellent la ***vaugnérite*** du Lyonnais [1].

Quant aux schistes injectés, ils reproduisent les mêmes particularités qui ont été décrites page 9, avec cette différence toutefois, que les feldspaths injectés sont plus basiques, et que la hornblende y accompagne toujours la biotite.

Les filonnets d'injection sont des *microgranites à hornblende* ou des *microdiorites quartzifères*. De même que dans les types dépourvus de hornblende, le quartz ne se trouve guère qu'à l'état microgrenu ; les feldspaths en grands cristaux prédominent toujours de beaucoup sur ce dernier élément. Quelques types (roc de Braguès d'Orlu) sont riches en épidote, associée à de l'allanite, ou en allanite indépendante. Je n'ai trouvé de la tourmaline (bleue) que dans un microgranite du Roc Blanc.

La vallée de Baxouillade, les contacts du roc de Braguès de Quérigut, du pic de l'Estagnet, le bas de la vallée de l'Estagnet, les contacts de Balbonne, le col de Joucairet, le voisinage du sommet de Gabantra, etc., etc., m'ont founi une grande quantité de bons types de ces *microdiorites* quartzifères qui sont extrêmement abondantes dans les contacts de la rive gauche de l'Ariège.

L'épidote finement grenue y existe en abondance dans les parties ayant subi des modifications dynamiques.

Enfin pour terminer, il me reste à signaler un dernier type pétrographique que j'ai rencontré abondamment dans divers gisements, notamment à un petit col situé au Nord du pic de Braguès, aux contacts de Valbonne et dans la vallée de Baxouillade. Ce sont des roches schisteuses, à grands éléments, essentiellement constituées par des plagioclases (oligoclase à bytownite peu ou pas zonés, parfois du quartz et enfin beaucoup de hornblende et de biotite. Les feldspaths

[1] La *vaugnérite* décrite par Fournet comme une roche spéciale, n'est en effet qu'une variété de granite remarquable par sa richesse en hornblende, biotite (Michel Lévy et Lacroix, *Bull. soc. minér.* X 27, 1887) et par la basicité de ses plagioclases dans lesquels M. Michel Lévy a constaté (*Détermination des feldspaths*, 1894, 67) des variations analogues à celles qui sont si fréquentes dans les granites endomorphisés de l'Ariège (labrador au centre du cristal, puis anorthite, labrador et enfin andésine sur les bords).

sont grenus, la plus grande partie de l'amphibole et du mica leur sont postérieurs; parfois il existe de grands cristaux porphyroïdes de plagioclases. Les éléments ferrugineux s'isolent fréquemment en lits ou en nodules, ils sont souvent accompagnés de zoïsite ou d'épidote.

Ces roches offrent l'aspect de certains gneiss amphiboliques; elles passent insensiblement, d'une part aux schistes micacés au milieu desquels elles se rencontrent et d'une autre aux apophyses dioritiques qui les injectent. Il est souvent impossible de savoir pour un échantillon donné s'il appartient à la roche éruptive ou au contraire à la roche métamorphisée; l'examen sur le terrain peut seul dans ce cas permettre de se faire une opinion. Il existe une grande analogie entre ces roches, avec les amphibolites feldspathiques décrites plus haut en lits minces intercalés dans les calcaires, et avec quelques-unes des enclaves du granite qui vont être passées en revue.

§ IV. — Enclaves du granite.

Quand on suit la lisière du granite à son voisinage avec les contacts, on constate l'existence dans celui-ci d'une quantité considérable d'enclaves micacées qui abondent aussi plus au loin dans l'intérieur du massif. La route de Mijanès au Pla montre notamment de magnifiques blocs de ce genre, descendus des hauts ravins que j'étudie ici.

La descente de la porteille de Baxouillade vers le lac de Laurenti, le voisinage des contacts de Rabassolès, de l'Estagnet, de Vallbonne sont surtout remarquables par le développement grandiose de ce genre de phénomène. Immé-

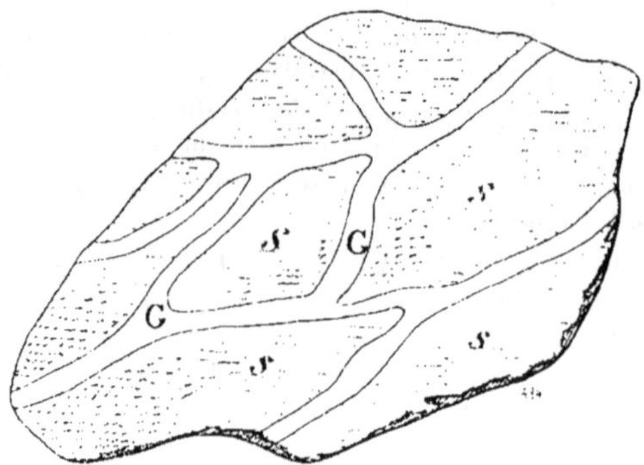

Fig. 10. — Schiste micacé très feldspathisé (*leptynolite*). S. injecté par le granite, G. (Mouillère de las Cuequès).

diatement au-dessous de la porteille de Baxouillade, le granite est tellement riche en enclaves qu'il semble constituer une roche bréchiforme, formant le ciment de ces dernières.

Au voisinage de la recherche de talc de Rabassolès, se trouve une prairie marécageuse (Mouillère de las Cucquès), bordée par de petits rochers de granite, eux aussi très riches en enclaves; la roche oscille entre deux types représentés par les figures 10 et 11. Dans l'un, comme à la porteille de Baxouillade, le granite cimente des enclaves micacées ; dans un autre, on le voit au contraire former

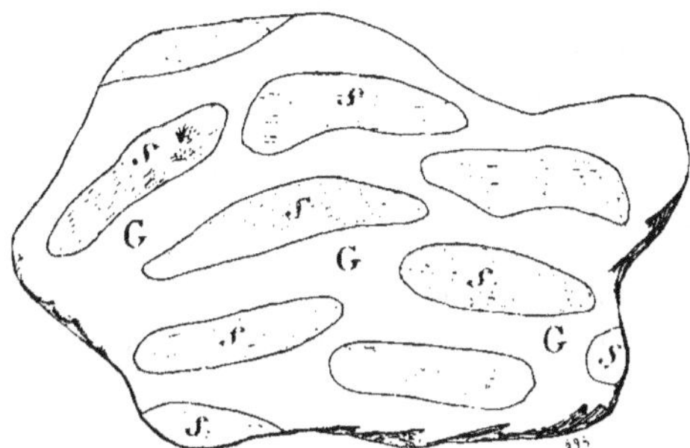

Fig. 11. — Schiste micacé très feldspathisé (*leptynolite*) en fragments réunis par le granite (en amont de la Mouillère de las Cucquès).

des veines minces dans la même roche micacée en place sous forme de lambeaux de quelques décimètres de surface.

L'étude microscopique des enclaves micacées y montre presque tous les types de schistes micacés feldspathiques et quelquefois des micrograniles.

Mais dans les contacts énumérés plus haut, la roche dominante en enclaves appartient à un autre type et a une composition assez constante. A l'œil nu, elle se montre très riche en biotite, en hornblende ; elle est tantôt rubanée, tantôt à structure homogène. Fréquemment, il existe des cristaux porphyroïdes blancs de feldspath ; quand le mica est altéré, ces enclaves sont d'un vert pâle.

L'examen microscopique fait voir que les feldspaths grenus, plagioclases et orthose, abondent, généralement accompagnés d'une proportion variable de quartz granitique ou granulitique. Le mica et la hornblende sont souvent géométriquement orientés l'un sur l'autre. Les plagioclases sont fréquemment zonés ; ils oscillent entre les oligoclases et la bytownite, avec prédominance des types au moins aussi basiques que l'andésine. Le sphène, l'allanite associée à l'épidote, l'ilménite et la magnétite ne sont pas rares.

La hornblende (vert foncé ou vert pâle), le mica n'ont pas de formes nettes ; ils moulent généralement les feldspaths (tendance à l'ophitisme), mais sans pouvoir les englober, car ils sont en moyenne de même taille qu'eux. Ils ne sont que rarement en cristaux distincts, englobés par les feldspaths et la roche ressemble alors à une kersantite grenue, passant à une porphyrite avec grands cristaux nets de plagioclases (recherche de talc de Rabassolès).

Enfin, j'ai recueilli à l'état erratique près de Mijanès une enclave presque dépourvue de biotite; elle est très riche en hornblende d'un vert foncé, associée à de l'oligoclase et de l'andésine grenues, çà et là moulées par de très grandes plages de microcline et de quartz. Par places, le microcline est le seul feldspath existant, il englobe pœcilitiquement un nombre considérable de cristaux automorphes de hornblende et quelques lamelles naissantes de biotite.

Le type le plus fréquent de ces enclaves est extrêmement analogue aux roches que j'ai rencontrées en place dans la zone schistocalcaire imprégnée par le granite, roches décrites à fin du paragraphe précédent ; elles paraissent y résulter du mélange intime du magma granitique et d'assises schistocalcaires ; elles correspondent à une zone dans laquelle les phénomènes endomorphes et exomorphes se confondent. Il est facile du reste de voir à l'œil nu et mieux encore au microscope qu'il y a passage insensible entre ces enclaves et les veines granitiques qui les injectent ; celles-ci ne s'en distinguent guère que par une abondance moindre des éléments colorés et la taille plus grande des feldspaths et du quartz ; la richesse en biotite est un témoin de l'influence de l'élément schisteux et de sa fréquente prédominance sur l'élément calcaire.

§ V. — Roches filoniennes.

La zone de contact qui s'étend du port de Paillières au pic de Ginevra est extrêmement riche en filons très minces qui partent du granite endomorphisé, coupent les formations métamorphiques et particulièrement les calcaires modifiés ; ce sont des roches très caractéristiques que je n'ai jamais observées en filons dans le granite lui-même.

A l'Est de la région étudiée, à partir du pic de Ginevra et du roc de Braguès de Quérigut, il existe au contraire dans le granite lui-même ou dans les schistes micacés des filons de granulite à tourmaline offrant parfois de remarquables pegmatites graphiques de tourmaline et de quartz ; elles ne présentent aucune particularité intéressante et je ne m'y arrêterai pas.

Les autres filons de la région métamorphisée peuvent être divisés en deux groupes passant de l'un à l'autre.

a). *Filons aplitiques.*

Ces filons minces se trouvent en énorme quantité notamment au Roc blanc et dans les hautes vallées qui en descendent (notamment celles de Baxouillade, de Laurenti, de Barbouillères) ; ils sont remarquables par leur couleur blanche qui peut parfois au premier abord les faire prendre pour des marbres calcaires. Ils sont essentiellement constitués par des feldspaths et du quartz ; ils ne renferment pas de mica mais souvent un peu d'amphibole verte et de pyroxène.

Le feldspath dominant est le microcline, associé ou non à de l'orthose et à des plagioclases acides (albite à oligoclase).

Le pyroxène est un *diopside* vert pâle, en cristaux distincts p (001), m (110), h^1 (100), g^1 (010), allongés suivant l'axe vertical, avec prédominance des pinacoïdes ; les plans de séparation suivant p (001) sont extrêmement fréquents ; ce pyroxène est souvent altéré, l'intérieur des cristaux étant jauni par de la limonite ; fréquemment aussi, il est ouralitisé.

Notons ici ce fait, sur lequel je reviendrai plus loin, que le pyroxène monoclinique est presque constant dans ces filons aplitiques [1], de même que dans les calcaires métamorphiques, alors qu'il manque d'une façon absolue dans tous les granites endomorphisés décrits plus haut.

L'amphibole est une hornblende d'un vert vif en lames minces, très pléochroïque, renfermant souvent des auréoles pléochroïques autour d'inclusions de zircon ; l'angle d'extinction atteint 20° dans g^1 (010). L'épidote et la zoïsite en cristaux nets sont fréquentes et en grande partie d'origine primaire. Elles possèdent très fréquemment une remarquable structure vermiculée, et renferment souvent un noyau d'allanite très pléochroïque ; ce même minéral est assez fréquent en gros cristaux indépendants très nets, déterminant des auréoles pléochroïques dans l'amphibole. Le sphène est très abondant.

La muscovite et la biotite microscopique ne s'observent que rarement et en petite quantité ; je n'ai trouvé de la tourmaline qu'accidentellement.

La texture de toutes ces roches est assez variable ; tantôt elles sont à éléments de plusieurs millimètres de plus grande dimension, tantôt au contraire finement saccharoïdes.

Au microscope, on constate que la structure est nettement grenue ; quand il existe du quartz, celui-ci est franchement granulitique, ce n'est que rarement qu'il forme des plages pegmatoïdes dans les feldspaths : le quartz vermiculé n'est pas rare. La proportion du quartz est très variable ; parfois elle est presque nulle et alors si les éléments colorés sont abondants, la granulite se rapproche, comme aspect et structure, des cornéennes feldspathiques. Plus souvent, le quartz abonde, il peut même arriver à prédominer ; les feldspaths diminuent progressivement et l'on est ainsi conduit au deuxième type de filons dont il sera question plus loin. Dans ces filons minces, je n'ai observé aucune variation de structure des salbandes au centre.

Dans la haute vallée de Laurenti, j'ai trouvé un bloc représenté par la fig. 12, constitué par du calcaire grenatifère, alternant avec des cornéennes ; il est injecté par du granite à hornblende d'où part un filon aplitique acide. Le passage entre ces deux roches est brusque.

Je signalerai en terminant deux échantillons anomaux. l'un formait un filon de 10 centimètres d'épaisseur dans le calcaire du bas de la vallée de l'Estagnet.

[1] Cordier a décrit sous le nom de *dibasite* (Cordier-d'Orbigny, *Descript. des roches*, 121-1868), une roche composée, d'après lui, de diopside et de feldspath (orthose), avec quartz, mica, sphène, etc. Son type provient des environs d'Ax, sans indications plus précises, il se trouve dans la collection de Cordier conservée au Muséum. C'est une roche identique à quelques-unes de celles décrites dans ce paragraphe, les feldspaths sont constitués par de l'orthose, du microcline, de l'oligoclase ; il existe un peu de quartz, du diopside, de la hornblende et du sphène. La roche offre la trace d'actions mécaniques.

Ce type de granulite à diopside se rencontre en filons dans un grand nombre de gisements de gneiss à pyroxène, de gneiss amphiboliques, de cipolins (St-Brévin et St.-Nazaire (Loire-Inférieure), Duerne (Rhône), St-Clément (Puy-de-Dôme), Ste-Marie-aux-Mines, etc.)

Il est dépourvu de pyroxène et d'amphibole, mais riche en sphène renfermant quelques inclusions de biotite et surtout en tourmaline. Ce minéral est brun et bleu ; il est disposé parallèlement aux salbandes du filon, soit en cristaux distincts, soit surtout en fines aiguilles enchevêtrées et offrant la structure bien connue de la fibrolite ; elles constituent à elles seules des veinules de 1 à 2 centimètres d'épaisseur au milieu desquelles sont distribués çà et là des cristaux distincts du même minéral.

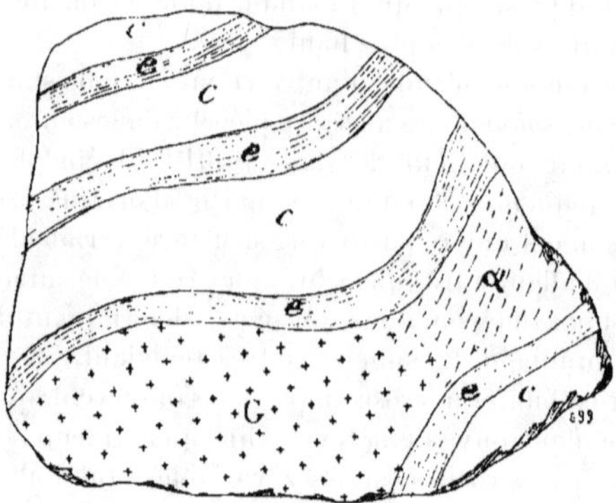

Fig. 12. — Bloc de calcaire à grenat (*c*) alternant avec des cornéennes (*e*), injecté par le granite à hornblende (G), qui se termine par un filon aplitique (α) [Réduction au 1/20e environ].

J'ai recueilli le second échantillon au milieu du talc d'Artounant, c'est une roche verte imprégnée de talc. En lames minces, on voit qu'elle est essentiellement constituée par du quartz, fort peu d'oligoclase, beaucoup de muscovite, de talc et de leuchtenbergite ; ces minéraux sont accompagnés de nombreux cristaux de tourmaline d'un brun jaune foncé. La leutchtenbergite est incolore en lames minces, possède à peu près la biréfringence du quartz ; son signe optique est positif ; il est possible qu'elle résulte de la transformation de la biotite.

b) *Filons d'épidotite.*

La seconde catégorie de filons minces, que l'on trouve, coupant les roches métamorphiques et formant parfois au milieu d'elles un réseau de filonnets, ne se différencie guère comme composition et structure des épidotites qui viennent d'être décrites.

Ce sont des roches blanches, tachetées de vert, denses, essentiellement formées par de grands cristaux d'épidote ou de zoïsite, avec ou sans hornblende, pyroxène, sphène, rutile (associé à du sphène et à de l'ilménite), allanite, apatite, quartz granulitique et souvent enfin orthose, oligoclases, dont l'abondance conduit à des passages insensibles avec les véritables aplites.

c) Remplissage drusique de fentes.

Indépendamment des roches filoniennes qui viennent d'être décrites, j'ai observé dans toute la région métamorphique de nombreux cas de formation de minéraux cristallisés dans des fentes.

Dans la zone endomorphique, aussi bien dans les types les plus basiques, tels que les péridotites, que dans le granite à amphibole, il n'est pas rare de trouver des fissures dont les parois ayant parfois plusieurs mètres carrés, sont couvertes de cristaux de tourmaline noire. Dans les éboulis des vallées de Rabassolès, de l'Estagnet, de Valbonne, de Barbouillères, de Laurenti, de Baxouillade, j'ai rencontré souvent des blocs offrant de magnifiques exemples de cette production de tourmaline. Les cristaux sont généralement couchés sur la paroi de la roche et groupés autour d'un centre, en étoilements réguliers. Ils pénètrent généralement très peu dans la roche elle-même et on ne les trouve plus dans les lames minces, à 2 ou 3 millimètres de la surface de la fissure.

Je n'ai remarqué cette tourmaline secondaire que dans les roches éruptives, mais il est fort possible qu'elle se trouve aussi dans les roches métamorphiques. Inversement, c'est surtout dans ces dernières et notamment dans les cornéennes, que j'ai trouvé de nombreuses fentes tapissées par des cristaux nets et parfois fort beaux d'orthose, d'albite, de quartz, d'épidote.

L'orthose a la forme de l'adulaire m (110) p (001) a^1 (101)]; elle est d'un blanc laiteux; l'albite au contraire est souvent limpide, elle possède les mêmes formes que les cristaux formés dans les mêmes conditions dans les contacts granitiques des environs de Barèges et notamment ceux de la Piquette déras lids, où se trouvent les mêmes associations minérales [1].

L'épidote forme de longues baguettes cannelées, incolores ou d'un gris jaunâtre; celles-ci sont fréquemment courbes, brisées et ressoudées, associées à du quartz, le feldspath se rencontrant généralement seul dans des fentes spéciales.

Il n'est pas douteux que la formation de ces divers minéraux, remplissant incomplètement des fentes, ne soit le dernier écho du phénomène qui a produit le remplissage complet de fentes similaires, actuellement occupées par les roches filoniennes décrites plus haut : cette opinion est rendue fort probable par ce fait que les minéraux qui y ont été observés sont précisément au nombre de ceux qui constituent ces filons aplitiques.

§ VI. — Formation de zéolites par voie d'altération secondaire.

A côté des minéraux qui viennent d'être étudiés et que je regarde comme étant en étroites relations d'origine avec les phénomènes métamorphiques, j'ai

[1] Pour la description des formes de ces minéraux, voir *Minéralogie de la France*, t. I et II.

observé d'autres faits de production de minéraux drusiques qui, eux, ont une origine tout à fait différente. Je veux parler des zéolites que j'ai trouvées en abondance véritablement extraordinaire dans tous les contacts de cette région ; ce sont les espèces suivantes : *chabasie*, *stilbite*, *scolécite* et enfin *laumontite*.

J'ai montré dans une note antérieure [1] que toutes ces zéolites devaient être considérées comme de formation récente, souvent même actuelle ; leur production est liée à la décomposition *sur place* des roches qui les renferment. Le plus souvent, on les observe dans des fentes, mais dans quelques cas, comme à la recherche de talc du col de l'Estagnet et au col de Terre-Noire dans le massif de Deilla qui sera étudié dans le chapitre II, on voit la laumontite se former dans les feldspaths basiques des diorites endomorphiques. Près du col de l'Estagnet, j'ai observé des filonnets de laumontite de 6 centimètres d'épaisseur.

Ces zéolites sont surtout abondantes aux cols exposés aux intempéries, le long des couloirs sur lesquels s'égouttent les névés, et l'on s'explique ainsi la raison de l'abondance de ces minéraux que j'ai trouvés d'une façon constante dans toutes les roches métamorphiques des Pyrénées et particulièrement dans celles de hautes régions — dans les calcaires et les marnes calcaires jurassiques, modifiés par la lherzolite et les ophites, dans les calcaires et divers types de roches métamorphisées par le granite, dans tous les types de roches résultant de l'endomorphisme du granite, enfin dans les ophites dipyrisées. Toutes ces roches, en effet, possèdent les éléments minéralogiques nécessaires à la formation des zéolites calciques et calcosodiques, c'est-à-dire des plagioclases basiques ou du dipyre, et elles se trouvent souvent, en outre, comme celles qui font l'objet de cette discussion, dans des conditions topographiques et climatériques favorables à la décomposition de ces divers minéraux.

Je renvoie pour la description de ces diverses zéolites aux chapitres qui leur sont consacrés dans ma *Minéralogie de la France* [2].

[1] *C. Rendus*, CXXIII, 761, 1896.
[2] Tome II, p. 255 à 345.

CHAPITRE II

RIVE GAUCHE DE L'ORIÈGE

§ I. — Situation géographique des contacts étudiés.

La région étudiée dans le chapitre précédent n'est pas la seule qui, au voisinage d'Ax, présente des phénomènes de contacts granitiques intéressants. J'en ai trouvé en effet d'analogues dans le massif montagneux situé entre l'Oriège (depuis les prairies de Gaodu) et l'Ariège (depuis Mérens). On peut voir sur la carte géologique de M. Roussel [1] que ce massif est limité au Sud par la bande schisto-calcaire paléozoïque de Mérens-Naguille et formé dans sa partie septentrionale par du gneiss, riche en granulite à muscovite et en pegmatite. La constitution géologique est en réalité plus complexe, une partie des schistes et des gneiss indiqués sur cette carte doivent être en effet remplacés par de petites ellipses granitiques, entourées d'une auréole métamorphique des plus intéressantes.

Tandis que dans le massif dont il a été question au commencement de ce travail, de profondes érosions ont disséqué les contacts du granite, permettant ainsi au géologue de suivre pas à pas les multiples transformations des roches sédimentaires et du granite, le massif de la rive gauche de l'Oriège, au contraire a été beaucoup moins entamé. Il est bien coupé lui aussi, par des vallées nord-sud, perpendiculaires à la ligne d'affleurement des couches modifiées (vallées de Paraou et Chourlot (à l'est), de Gnoles conduisant au lac Naguille, d'Orgeix), mais elles sont peu profondes dans la partie intéressante au point de vue qui m'occupe ici, et finissent à la vallée de l'Oriège par des abrupts de plusieurs centaines de mètres, exclusivement taillés dans le gneiss. La zone de contact n'est pas partout à découvert et des escarpements inaccessibles ne permettent pas de suivre pas à pas les couches. On ne voit ici que la partie superficielle du granite, à son voisinage immédiat avec les assises qu'il injecte, au lieu de pénétrer jusqu'aux racines du massif, comme dans la région précédente.

Une dernière difficulté résulte de puissants phénomènes de dynamométamorphisme, subis par la plupart des roches de ce massif montagneux. Tandis que dans les contacts étudiés plus haut, les phénomènes de laminage étaient exceptionnels, ils sont ici presque la règle et ils m'ont pendant longtemps rendu in-

[1] *Bull. carte géol. France*, V, n° 35, 1893.

compréhensibles beaucoup des roches métamorphiques que l'on y rencontre ; la connaissance des types normaux décrits dans le chapitre précédent permet aujourd'hui de les interpréter sans difficulté.

Je renvoie à mon prochain bulletin pour l'étude détaillée de cette région et me contenterai pour l'instant de m'occuper des contacts, situés entre la vallée de l'Oriège à l'Est et celle de Gnoles à l'Ouest. Ils se trouvent à la jonction des quatre *feuilles d'Ax, de Quillan, de Prades et de l'Hospitalet*. Leur examen me permettra de compléter la description de quelques-uns des types pétrographiques établis plus haut.

La haute vallée de l'Oriège est dirigée Nord-Est, jusqu'au ruisseau de Baxouillade, à partir duquel elle prend la direction Nord-Ouest. Dans sa partie Nord-Est, elle est dominée à l'ouest par une crête, partant du pic de Pinet (2422 m.) et dont le pic de Bourbon est le sommet le plus élevé ; celui-ci domine à l'Est une petite vallée descendant du pic de Pinet et portant les noms de vallée de Paraou, puis dans sa partie basse de vallée de Chourlot. Une nouvelle crête constituée par les pics de Paraou, de Roque-Rouge (2346 m.) et de Deilla (Bedeilla de la carte d'Etat major)[1] sépare cette vallée de celle de Gnoles. Un prolongement nord-sud du pic de Paraou limite un petit ravin (comme de Deilla) au pied des pics de Roque-Rouge et de Deilla. Telle est la région qui nous occupe (commune d'Orlu).

§ II. — Granite.

Le granite de cette région ne se montre qu'au contact immédiat des assises sédimentaires métamorphisées qui, par places (vallée de Chourlot), forment à sa surface un revêtement de quelques mètres d'épaisseur seulement, aussi ne le voit-on que rarement sous sa forme normale. C'est le même granite que celui que nous avons étudié plus haut ; il n'est pas porphyroïde et, dans les échantillons que j'ai étudiés, le quartz est uniformément microgrenu ; les enclaves microscopiques de schistes micacés sont fréquentes.

§ III. — Contacts du granite.

Les assises sédimentaires (*schistes et calcaires*) intactes peuvent être vues en place au fond de la vallée de Paraou, où elles commencent à apparaître au point où le sentier s'infléchit vers l'ouest, au pied du pic de Paraou, pour se

[1] La carte d'Etat-Major est dans cette région pauvre en noms de lieux, je suis redevable à M. Marcailhou d'Aymeric des dénominations employées ici et qui sont conformes à la version des plans cadastraux d'Orlu.

diriger vers la couliade de Pinet. La zone métamorphique est peu épaisse ; à 100 mètres environ de la dernière apophyse granitique, représentée par la figure 13, les schistes et les calcschistes ne présentent plus trace de métamorphisme de contact.

Une autre zone schisteuse traverse le prolongement nord du pic de Bourbou,

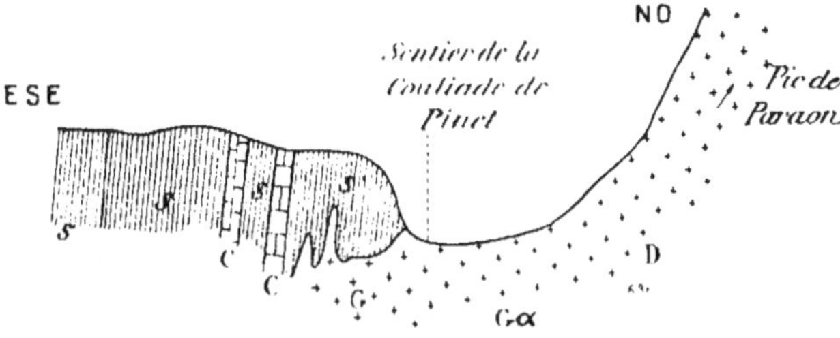

Fig. 13. — Coupe passant par un contrefort du pic de Paraou et la vallée de Paraou.
C. Calcaires intacts ; — S. Schistes intacts ; — S'. Schistes micacés et feldspathisés avec lits de calcaires métamorphiques ; — G. Granite ; — G_a Granite à hornblende ; — D. Diorite.

la vallée de Chourlot, et peut s'observer après quelques interruptions dans les falaises du pic de Deilla, dominant la coume du même nom. Le long du ruisseau de Chourlot, qui descend en cascade, et à quelques mètres en amont de son confluent avec le ruisseau de la coume de Deilla, on peut voir les schistes disposés verticalement, reposer sur un pointement granitique qui envoie entre leurs feuillets des apophyses nombreuses.

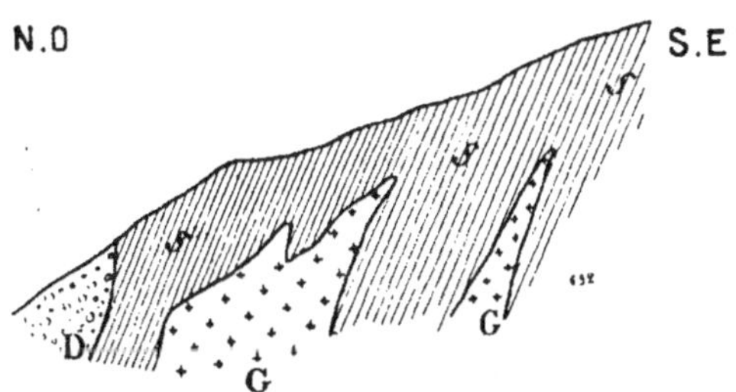

Fig. 14. — Coupe relevée sur la rive droite du ruisseau de Chourlot, près de son confluent avec celui de la coume de Deilla.
S. Schistes micacés, très feldspathisés au contact du granite (G) ; — D. Diorite.

C'est là qu'a été relevée la coupe représentée par la figure 14. Les intrusions de ce genre sont très nombreuses le long du ruisseau sur plus de 80 mètres.

Dans toute cette zone, le métamorphisme est intense et l'existence de calcaire n'est plus guère décelée que par la présence de quelques lits de grenatite, pincés çà et là au milieu de la diorite (montée vers la coume de Deilla) et par l'existence d'une grande quantité de roches granitiques endomorphisées.

1° Contacts avec les schistes et les quartzites.

Modifications exomorphes et endomorphes.

α. Schistes intacts. — Les schistes intacts observés au voisinage du granite sont des phyllades noirs ou jaunes, parfois carburés, alternant avec des lits quartzeux microscopiques ou avec des lits calcaires; de fines aiguilles de rutile y sont souvent extrêmement abondantes (Chourlot).

β. Schistes micacés et feldspathisés. — Tous les types de schistes micacés étudiés plus haut se retrouvent ici; l'andalousite est absente; les types feldspathisés (*leptynolites*) sont particulièrement abondants dans la bande traversant la vallée de Chourlot, et à la descente vers Paraou du col qui fait communiquer cette vallée avec celle de l'Oriège (au-dessus de Gaodu), sur le flanc sud-ouest du pic de Bourbou (couliade de Castillou ou de Gréoulère); à 400 mètres du contact, la feldspathisation par imprégnation est encore très intense.

La seule particularité à signaler est l'abondance du grenat almandin dans quelques schistes micacés feldspathiques du pic de Bourbou, celle de la cordiérite (avec auréoles pléochroïques jaunes extrêmement intenses autour des zircons dans la cordiérite incolore) dans des schistes analogues. Ces schistes renferment des cristaux ou des cristallites vermiculés d'amphibole là où il existait de la calcite antérieurement au métamorphisme. La tourmaline s'y rencontre aussi accidentellement (Chourlot).

Leptynolites feldspathisés par injection et microgranites. — Toutes les variétés de schistes injectés et d'apophyses microgranitiques des gisements précédents doivent être signalés à nouveau ici. (Pl. I, fig. 4). Elles sont le plus souvent très fortement déformées par actions dynamiques. Le quartz est d'ordinaire plus écrasé que les feldspaths et dans un grand nombre d'échantillons, le quartz régulièrement microgranitique des types précédents est transformé en agrégats offrant la *structure en mortier*, qui se sont écoulés dans les fentes des feldspaths. La biotite est elle-même brisée et les grandes lames du type normal sont remplacées par de petites lamelles ou de fines ponctuations, souvent recristallisées, dont les traînées soulignent la schistosité de l'échantillon étudié (Pl. I, fig. 6). Les plans de schistosité de ces roches curieuses sont noirs et ternes.

Il est possible de suivre la superposition progressive des deux sortes de métamorphisme, le métamorphisme de contact modifiant la composition et la structure normales pour donner naissance aux schistes feldspathisés et aux microgranites, roches éminemment cristallines, et le métamorphisme dynamique, qui est destructif et qui, dans cette région, se manifeste toujours par une diminution dans la cristallinité de la roche pressée. L'intensité de ce métamorphisme dynamique est du reste excessivement variable; un même échantillon fournit parfois des lits puissamment triturés et d'autres dans lesquels les phénomènes d'écrasement sont à peine distincts.

L'abondance en allanite est souvent grande dans les schistes très feldspathisés de passage aux microgranites (Chourlot).

Les meilleurs échantillons de microgranite que j'ai étudiés proviennent du contact de Paraou (sentier de Pinet), de la comme de Deilla, de Chourlot et de la descente de la couliade de Castillou vers Paraou. Quelques échantillons particulièrement maltraités se montrent à l'œil nu sous forme d'une sorte de lydienne noire rubanée. Au microscope, on n'y voit plus que çà et là quelques fragments reconnaissables.

2º Contacts avec les calcaires et les assises schistocalcaires.

a) *Modifications exomorphes.*

α. Calcaires intacts.—Les calcaires intacts ne peuvent être vus que dans la vallée de Paraou, à partir du tournant du sentier de la couliade de Pinet, dont il a été question plus haut ; ils sont schisteux, gris ou jaunes et alternent avec de minces feuillets de schistes ou des lits minces de quartzites.

Au microscope, ils se montrent formés par des plages étirées de calcite avec quelques grains de quartz seulement.

Les alternances avec les lits schisteux ou quartzeux sont souvent microscopiques, une même plaque mince en montrant plusieurs. Par suite des violents phénomènes dynamiques subis par ces roches, il est assez fréquent que les lits schisteux régulièrement intercalés dans les calcaires aient été disjoints, de telle sorte qu'ils forment actuellement comme autant de petites enclaves régulièrement distribuées sur les plans de schistosité générale des assises calcaires.

L'absence d'action minéralisatrice du dynamométamorphisme est bien mise en évidence par l'étude de cette zone schistocalcaire, qui, vers le Sud, loin des contacts granitiques ne présente plus aucun minéral néogène.

β. Calcaires métamorphisés. — Les calcaires de cette région ont donné par métamorphisme des *marbres à grenat*, des *grenatites* et des *cornéennes*. Les deux premières catégories de roches sont peu abondantes et n'offrent pas de particularités différentes de celles qui ont été décrites plus haut [1] ; elles constituent de petits lambeaux sans importance et se trouvent surtout en blocs épars, non roulés, dont il n'est pas toujours possible de trouver le gisement originel.

γ. Les *cornéennes à épidote* méritent une mention ; elles sont formées d'épidote, de zoïsite, parfois de diopside, d'amphibole et de sphène : elles sont toujours très quartzeuses et en même temps riches en calcite ; les feldspaths (orthose et microcline) sont peu abondants.

Le quartz s'y trouve en grains extrêmement fins, amassés en petits paquets pauvres en silicates; ces derniers se concentrent dans d'autres parties de la roche.

J'ai surtout recueilli ces cornéennes aux contacts situés au pied du pic de

[1] J'ai observé à la limite du granite de Chourlot et de ce que je considère provisoirement comme du gneiss, de petits bancs de calcaire marmoréen, riche en péridot et en pyroxène. Ne sont-ce pas là, aussi, des roches métamorphisées par le granite ?

Paraou sur le sentier de la couliade de Pinet ; les phénomènes dynamiques ont généralement complètement transformé ces roches, dont tous les éléments sont brisés et ressoudés par de la calcite cryptocristalline. Certains échantillons ont un aspect tellement clastique que l'on se croirait en présence d'un grès à silicates.

δ. Schistes amphiboliques micacés feldspathiques. — On trouve aussi entre la Fount de Paraou et la couliade de Castillou des cornéennes feldspathiques à faciès gneissique, généralement micacées et amphiboliques. Elles abondent surtout là où les sédiments normaux étaient formés par des alternances de schistes et de calcaires, et rappellent certains des types du Roc Blanc et deBaxouillade.

b'. *Modifications endomorphes du granite.*

Nous retrouvons ici tous les types endomorphisés étudiés plus haut, mais leur liaison d'origine avec le granite d'une part et les calcaires d'une autre ne peut être constatée à chaque pas comme dans la région précédente. Cela tient d'abord à l'étroitesse relative des affleurements et ensuite à ce fait déjà signalé plus haut, que les contacts n'ont pas été décapés suffisamment par l'érosion. Dans la bande qui traverse le pic de Bourbou, la vallée de Chourlot, la coume et le pic de Deilla, le calcaire a presque complètement disparu, et ce n'est que çà et là que l'on en retrouve des lambeaux dans le granite ; il est vrai que son existence ancienne peut être démontrée par l'étude de son prolongement dans la vallée de Gnoles et dans celle de la prairie d'Orgeix.

Sur la bordure sud du massif éruptif, les phénomènes d'endomorphisme sont apparents au contact des schistes calcaires du sentier de la couliade de Pinet. Les contacts de la coume de Deilla, la descente du versant ouest de la couliade de Castillou et enfin la partie la plus méridionale du contact de Chourlot, un peu en amont du confluent du ruisseau de Chourlot et de la coume de Deilla, sont les points où il est le plus facile de voir les passages du granite normal à la diorite.

En moyenne dans cette région, tous les types endomorphisés sont plus micacés que dans la précédente et cela tient à ce que parmi les roches digerées, il n'y avait pas de lits épais homogènes de calcaires, mais des couches minces alternantes de calcaires et de schistes; le fait est mis en évidence par l'étude du prolongement vers l'Ouest des couches disparues ; une autre conséquence de ce fait est la fréquence des types microdioritiques d'injection ; c'est surtout dans la vallée de Baxouillade, qu'il faut chercher des comparaisons, avec ce qui s'observe ici.

Les phénomènes dynamiques qui ont si profondément modifié les roches exomorphisées ont non moins déformé les roches endomorphisées et quand ils atteignent leur maximum, il devient souvent impossible de définir l'origine exacte d'un échantillon donné. L'origine secondaire de la schistosité de certaines de ces diorites est mise en évidence à la montée du lac Naguille par les nombreux filonnets de granulite qui les traversent. Ils ont été plissés comme une matière plastique et ont pris la schistosité générale de la diorite, qui n'a souvent aucun rapport avec leur direction personnelle.

α. *Granite à hornblende.* — Les granites à hornblende (coume de Deilla, descente de la couliade de Castillon, Chourlot, sentier de Gaodu) offrent les mêmes caractères que dans le Quérigut; le quartz y est soit granitique, soit microgranitique; les types dynamométamorphiques sont précieux pour montrer la différence existant entre le quartz à structure en mortier d'origine mécanique et le quartz microgranitique d'origine primaire.

β. *Diorites et microdiorites.* — Les diorites quartzifères constituent le type endomorphique le plus fréquent; leur composition minéralogique ne diffère pas essentiellement de celle des roches similaires de la région précédente; la hornblende y est plus colorée cependant, brune passant au vert sur les bords; les inclusions ferrugineuses y sont extrêmement fréquentes. Les plagioclases sont très zonés, soit d'une façon régulièrement concentrique, soit par corrosion d'un centre plus basique. On retrouve ici les associations décrites plus haut, mettant en présence des types de basicité très variée, de l'oligoclase à l'anorthite. On trouve fréquemment des cristaux à zones irrégulières, offrant au centre du labrador entouré d'anorthite, qui est cerclée à son tour par du labrador, puis par de l'andésine ou des oligoclases. Le quartz est rarement granitique, le plus souvent il est microgranitique.

Ces diorites sont grenues; la structure ophitique, si fréquente dans les types non quartzifères, est peu commune; du reste l'évolution vers le microgranite est manifeste et dans plus d'un tiers des échantillons que j'ai examinés, les cristaux de plagioclases, de hornblende et de biotite, au lieu d'être enchevêtrés les uns dans les autres, en laissant des vides remplis par le quartz microgranitique, se trouvent au contraire disséminés en cristaux indépendants au milieu du quartz, celui-ci n'est jamais extrêmement abondant, de telle sorte que la roche est une microdiorite quartzifère dans laquelle les grands cristaux sont toujours beaucoup plus abondants que les éléments microscopiques. C'est surtout dans la coume de Deilla et à la descente vers Paraou de la couliade de Castillon, que j'ai recueilli une belle série de ces microdiorites, riches ou pauvres en hornblende; on peut y suivre tous les stades décrits à Baxouillade et constater l'influence progressive des assises schistocalcaires injectées. A l'une des extrémités de la série, se trouve la microdiorite franche, à l'autre les schistes injectés par les plagioclases et la hornblende en grands cristaux ou en fins cristallites dentelliformes (Pl. II, fig. 4); dans un type intermédiaire, on observe parfois dans une même préparation des zones franchement microdioritiques, alternant avec de petits lits à faciès dominant de schistes micacés amphiboliques.

J'ai recueilli en Paraou des échantillons de diorites quartzifères, renfermant des cristaux porphyroïdes de hornblende de 4 centimètres de longueur et de larges lames de biotite; la hornblende est en outre imprégnée de paillettes de biotite comme dans le granite à amphibole du col de l'Estagnet. Le quartz et une partie du feldspath sont régulièrement grenus, un échantillon analogue recueilli sur les bords de l'Oriège, près de Gaodu, est remarquable par la richesse de son quartz en aiguilles de rutile (?), tellement fines qu'elles n'agissent pas sur la lumière polarisée.

Les diorites absolument dépourvues de quartz sont peu abondantes comme masse, mais distribuées un peu partout (pic de Bourbou, couliade de Castillou, voisinage des contacts de la vallée de Chourlot, pic de Paraou, bord de l'Oriège sur le sentier de Gaodu). Elles présentent tous les passages possibles aux hornblendites : les feldspaths oscillent entre le labrador-bytownite et l'anorthite. Ils présentent les mêmes particularités de zonage ; les zones à sauts brusques de basicité y sont très fréquentes. Quand la structure ophitique apparaît, elle est plus franche que dans la première région, la hornblende constitue alors de très grands cristaux bruns (contacts de Chourlot), riches en inclusions aciculaires noires. Dans quelques-unes de ces diorites ophitiques, les plagioclases ont une tendance à se concentrer en agrégats grenus (ressemblant aux feldspaths des cornéennes), qui entourent les grands cristaux ophitiques de hornblende.

Le rutile avec fréquentes macles suivant a^1 (101) et $a^{1/3}$ (301) est parfois extrêmement abondant.

A la descente vers Paraou de la couliade de Castillou, j'ai observé, dans les schistes feldspathisés, une roche à aspect de gneiss amphibolique à grains fins, formée par du labrador (en cristaux allongés et couchés dans le sens du rubanement de la roche) et de la hornblende maclée, avec un peu de biotite et d'ilménite. Biotite et hornblende moulent le labrador, sans qu'il y ait véritablement structure ophitique ; çà et là s'observent quelques cristaux plus gros de hornblende, riches en inclusions noires. Cette diorite schisteuse, analogue à certains types de Baxouillade, est identique aussi à quelques enclaves du granite recueillies près des contacts de la région précédente.

Déformations mécaniques. — Il est intéressant de suivre, dans toutes ces roches dioritiques, la marche progressive des déformations mécaniques qui sont plus intéressantes encore que dans les schistes micacés. Il n'est pas rare en effet de rencontrer des roches absolument intactes, traversées par des diaclases de moins de 1 millimètre d'épaisseur et dont les parois ont joué l'une sur l'autre ; elles présentent une apparence fibreuse, dues à la formation de lamelles de biotite et d'aiguilles cristallitiques d'amphibole, mélangées à des débris de plagioclases, de quartz ; çà et là, se trouvent à l'état clastique des fragments imparfaitement brisés des éléments normaux de la roche. Dans un échantillon de diorite quartzifère de Chourlot, j'ai observé une veinule de $0^{mm},10$, remplie de petits grains de *scapolite* : c'est le seul exemple de werneritisation que j'ai trouvé dans cette série ; il est ici très nettement en relation avec les phénomènes dynamiques ; c'est un cas tout à fait exceptionnel [1]. Plus souvent, les déformations de structure s'appliquent à toute la roche. Il me semble inutile de reprendre isolément la description de chacun des types pétrographiques étudiés plus haut et d'indiquer l'aspect souvent étrange que présentent leurs produits de transformation.

[1] J'ai montré en effet (*B. S. M.*, XIV, 16, 1891) que la formation de la wernérite aux dépens des plagioclases, si fréquente dans les ophites des Pyrénées, est un phénomène d'origine atmosphérique et n'est pas liée d'une façon nécessaire à des actions dynamiques.

Tantôt les éléments sont seulement brisés, les fragments peu disjoints sont cimentés sur place par leur débris ou par de fines paillettes de biotite ou des aiguilles d'amphibole, tantôt au contraire, il y a eu laminage plus énergique, véritable charriage des fragments dont on ne voit plus les relations originelles.

L'aspect de ces roches écrasées est évidemment très varié suivant la nature de l'élément dominant et particulièrement de l'élément coloré, biotite ou hornblende. Les types riches en éléments colorés dans lesquels l'écrasement est maximum se présentent sous forme d'une roche schisteuse rubanée et compacte offrant l'aspect d'une lydienne et dont les plans de séparation ont la couleur noire et terne dont j'ai déjà parlé plus haut à l'occasion des schistes feldspathiques. Il faut le secours du microscope pour distinguer la nature des fragments fort petits de ces éléments, qui avaient originellement plusieurs millimètres de diamètre.

Ces déformations mécaniques s'observent dans toute la région qui nous occupe, mais surtout aux contacts de Paraou, à ceux des crêtes schisteuses de Roque-Rouge et du pic de Deilla, de la coume de Deilla et de Chourlot.

Il n'est pas sans intérêt de faire remarquer encore une fois que, malgré leur intensité, les phénomènes dynamiques qui viennent d'être décrits n'ont été accompagnés que par des phénomènes de recristallisation insignifiants, limités à la recristallisation de paillettes de biotite et de petits cristaux dentelliformes d'amphibole de quelques centièmes de millimètres de plus grande dimension. Les fragments de plagioclases, même les plus petits, ne sont pas altérés chimiquement ; ils ne renferment pas plus de produits secondaires que ceux de la roche normale. Cette fraîcheur des feldspaths est du reste remarquable dans toutes les roches endomorphisées décrites dans ce mémoire [1].

Le dynamométamorphisme a donc toujours eu ici une action destructive et à l'inverse de ce qui a été dit pour bien des régions, on peut affirmer que, *dans les roches pressées qui nous occupent*, la cristallinité est toujours inversement proportionnelle à la pression qu'elles ont subie, que l'on considère du reste les roches sédimentaires non modifiées par action de contact ou les roches éruptives et leur zone de transformation exomorphe.

γ. *Norite à olivine.* — Le petit ruisselet de la coume de Deilla tombe en cascade dans la vallée de Chourlot en longeant un gros rocher formé par des roches à grands éléments, diorites très amphiboliques et hornblendites, parmi lesquelles j'ai recueilli un type pétrographique intéressant, se rapprochant de celui de l'Estagnet, qui a été étudié page 23.

L'élément dominant est la bronzite en cristaux atteignant 2 millimètres ainsi qu'un peu d'olivine enveloppée par de grandes plages pœcilitiques de hornblende brune et de trémolite blanche qui moulent çà et là de grands cristaux d'anorthite. Ceux-ci remplissent les vides laissés par les éléments ferrugineux et ne forment qu'une partie infime de la roche. Quelques échantillons renferment de la biotite et du clinochlore, de la magnétite ; la bronzite est parfois en

[1] Il faut en excepter les quelques points zéolitisés dont il va être question plus loin.

voie de transformation en actinote vert d'herbe régulièrement orientée sur elle. (Pl. III, fig. 5).

Cette magnifique roche constitue le passage des *norites* aux *hornblendites feldspathiques* et aux *péridotites à hornblende*.

δ. *Hornblendites*. — De belles *hornblendites* à grands éléments souvent riches en biotite se trouvent sur le flanc ouest du pic de Deilla, à l'entrée de la coume de Deilla et vis-à-vis de celle-ci sur le flanc des escarpements dominant la rive droite de la vallée de Chourlot ; enfin j'en ai recueilli sur la rive gauche de l'Oriège avant d'arriver à Gaodu. Ces hornblendites ne présentent aucune particularité distinctive de celles des ravins de Valbonne et de l'Estagnet. Le cas de décoloration inégale de la hornblende brune, accompagnée de disparition des inclusions ferrugineuses de celle-ci, est très fréquent dans les hornblendites un peu feldspathiques et riches en biotite du flanc Est de Chourlot et du sentier de Gaodu. Dans quelques échantillons de hornblendite feldspathique, du pic de Deilla, la biotite n'est pas seulement associée à la hornblende sous forme de grandes lames dentelliformes, appliquées sur les clivages *m* (110) du premier minéral, on la trouve aussi en fines paillettes qui, dans les sections de la hornblende faisant partie de la zone verticale, rappellent les fines bandelettes d'enstatite si souvent englobées dans le diallage des gabbros. Le rutile est généralement abondant dans ces hornblendites.

ε. *Péridotites à hornblende*. — Le gisement le plus important des *péridotites à hornblende* se trouve au pic de Deilla ; elles forment une petite crête dominant une paroi verticale de plusieurs centaines de mètres, au-dessus de la coume de Deilla. C'est là que j'ai recueilli en place mes meilleurs échantillons ; on peut en ramasser des blocs éboulés dans la vallée de Gnoles à la montée de Naguille, dans la coume de Deilla et à son aval dans la vallée de Chourlot ; c'est là sans doute le lieu d'origine des blocs que l'on trouve parfois épars dans la vallée de l'Oriège.

Cette péridotite est une roche à énormes éléments, dans laquelle, à l'œil nu, on ne distingue que des cristaux de hornblende, dont les clivages peuvent atteindre 25 centimètres carrés et offrent une structure pœcilitique des plus nettes, grâce à l'existence d'une très grande quantité de grains d'olivine absolument frais.

L'examen microscopique montre des particularités intéressantes. L'olivine est toujours englobée dans la hornblende, mais on voit nettement que la cristallisation des deux minéraux a été simultanée. Souvent en effet l'olivine, au lieu de se présenter en grains globuleux a des formes irrégulières, se moulant sur des prolongements aciculaires que le grand cristal d'amphibole englobant envoie au milieu d'elles (Pl. III, fig. 4). Quelques échantillons renferment des cristaux de bronzite associés à l'olivine. La hornblende offre de remarquables variations de couleur déjà observées dans les hornblendites. A ses dépens se forment de l'actinote et de la trémolite.

L'olivine renferme quelques lames de biotite d'un blond très pâle ; le même minéral est appliqué parfois dans les clivages de l'amphibole et englobe des grains d'olivine. Dans beaucoup d'échantillons, on voit aussi, même à l'œil nu, des lames vertes de clinochlore ou de pennine. La roche est riche en pyrite, en pyrrhotite et renferme un peu de magnétite concentrée dans l'olivine.

Les hornblendites et les péridotites sont des roches remarquablement tenaces, elles ont mieux résisté à l'écrasement que les diorites voisines et ne m'ont présenté aucune trace d'actions mécaniques.

§ IV. — Roches filoniennes.

La région qui nous occupe renferme en assez grande abondance des filons, mais ils sont différents de ceux de Quérigut ; ce sont de véritables ***granulites à muscovite et tourmaline*** (parfois bleu cobalt, pic de Deilla) qui traversent granite, diorites et schistes micacés; ces roches ne présentent ni pyroxène, ni amphibole, leurs feldspaths sont le microcline, l'orthose, l'albite et les oligoclases; elles renferment aussi du ***béryl*** (vallée de Gnoles). Elles sont surtout remarquables par l'intensité des phénomènes dynamométamorphiques qui les ont transformées parfois en roches schisteuses à aspect de porcelaine, au milieu desquelles se détachent à l'œil nu des cristaux brisés de tourmaline, ou des nodules formés par de gros cristaux de feldspath non écrasés. Au microscope, la schistosité secondaire est accusée par des traînées de paillettes de séricite, constituant du reste le seul élément d'origine secondaire. A l'entrée de l'étang de Naguille, on peut voir dans la diorite elle-même, devenue schisteuse, des filonnets de ce genre ayant subi les plissements les plus bizarres.

Au contact de Chourlot, j'ai recueilli dans les schistes micacés des filonnets minces, exclusivement formés par des cristaux de tourmaline et de quartz granulitique.

Les diaclases des diorites et des hornblendites sont très fréquemment recouvertes de larges rosettes de tourmaline : il est probable que dans quelques cas, sinon dans tous, cette production filonienne de tourmaline a été presque contemporaine de la consolidation de la roche qui renferme ce minéral. Aux contacts de Chourlot en effet, j'ai recueilli un échantillon de diorite quartzifère, traversé par une veinule tourmalinifère ayant 2 millimètres d'épaisseur ; son centre est occupé par du quartz, ses salbandes par les cristaux de tourmaline ; ceux-ci, sur le bord de la fente, sont quelquefois inclus dans les cristaux de biotite de la diorite. A un demi-millimètre de la fente, il n'y a plus de tourmaline.

Remplissage drusique de fentes.

Les fentes tapissées de cristaux de quartz, d'albite et d'orthose sont relativement rares dans les schistes métamorphiques ; je n'en ai guère trouvé qu'au voisinage du lac Naguille et à Paraou. J'ai fait remarquer plus haut que dans les contacts du canton de Quérigut, de même que dans ceux des Hautes-Pyrénées, ces minéraux drusiques sont surtout abondants dans les fentes des cornéennes ; or, celles-ci sont rares dans la région qui nous occupe ici, ce qui explique la rareté des druses à minéraux. Cette localisation de ces minéraux dans des conditions spéciales tient sans doute à la compacité et à l'imperméabilité des cornéennes qui sont plus grandes que celles des schistes micacés ; cette structure compacte a permis aux fluides hydrothermaux de se canaliser dans les fentes au lieu de se diffuser dans la roche, comme dans les schistes.

§ V. — Formation de zéolites par voie d'altération secondaire.

La formation de zéolites (*stilbite, chabasie, laumontite*) dans les fentes des roches métamorphisées n'est pas moins abondante dans la région qui vient d'être décrite que dans les contacts du canton de Quérigut.

C'est notamment au petit col de Terre-Noire qui fait communiquer la coume de Deilla et la vallée du lac Naguille (sur le Sarrat del Lauzie de Pinet) que l'on voit la liaison extrêmement nette, existant entre les conditions atmosphériques et la production de la laumontite. Le col est constitué par de la diorite, plus ou moins quartzifère, injectant des schistes. Elle est profondément altérée au col même et le long d'un couloir d'avalanche orienté vers le Nord-Est. Les multiples fissures de cette roche sont imprégnées de laumontite, accompagnée d'un peu de stilbite et de chabasie. Ces zéolites se retrouvent à la surface des roches que recouvrent les névés situés au pied de ce couloir.

Il n'est pas douteux que ces zéolites ne résultent de l'action longtemps prolongée de l'eau qui, pendant le printemps et l'été, suinte goutte à goutte des névés à la surface des roches déjà désagrégées par les gelées. Ces zéolites se formant ainsi sur l'arête d'un col, prennent naissance sur place sans apport étranger, par décomposition des plagioclases des diorites. L'examen microscopique de celles-ci permet du reste de voir les cristaux de laumontite imprégnant le cadavre des feldspaths. La production de la laumontite favorise le désagrégement du petit col de Terre-Noire ; cette zéolite en effet se forme par augmentation du volume des feldspaths, les fissures produites par les gelées s'agrandissent ainsi rapidement. Sous l'influence du soleil de l'été, la laumontite se deshydrate partiellement, dès que la couche de neige amoncelée pendant l'hiver est fondue ; la roche perd ainsi peu à peu sa cohésion et s'éboule aisément, rendant très difficile l'accès du col, qui ne peut être atteint que par un couloir très raide, s'éboulant à chaque pas.

CHAPITRE III

RÉSUMÉ ET CONCLUSIONS

La lecture de ce mémoire a entraîné, je l'espère, la conviction que la région décrite est particulièrement favorable pour l'étude des contacts granitiques.

Cette région, en effet, permet de voir avec une netteté parfaite les relations mutuelles du granite et des roches sédimentaires de nature variée, qui se trouvent métamorphisées à son voisinage, et de suivre les modifications que celles-ci impriment à leur tour au granite.

En résumant les faits exposés plus haut, je passerai successivement en revue les trois questions qu'ils peuvent contribuer à élucider :

1° Les phénomènes métamorphiques exomorphes du granite.

2° Les phénomènes métamorphiques endomorphes du granite.

3° La mise en place du granite.

§ I. — Phénomènes exomorphes des roches de profondeur et du granite en particulier.

Les principales hypothèses que l'on peut faire sur les procédés qui ont donné naissance aux phénomènes de contacts exomorphes d'une roche éruptive, sont les suivantes :

1° Transformation des roches sous l'influence de la chaleur et de la pression seules, sans intervention d'aucun élément étranger.

2° Transformation sous l'influence d'agents minéralisateurs, agissant à haute température et sous pression, mais sans aucun apport durable dans la roche modifiée.

3° Transformation sous l'influence d'*agents minéralisateurs*, accompagnés de produits volatils ou en dissolution, agissant sur la roche métamorphique pour modifier sa composition chimique par apport ou enlèvement. J'emploie ici le terme *agents minéralisateurs* strictement dans le sens que lui a donné H. Ste Claire Deville dans le passage suivant : [1]

« Parmi les matières gazeuses que nous rencontrons dans la nature, il en est

[1] *C. Rendus*, LII, 1264, 1841.

quelques-unes qui, sans se fixer sur aucune des substances qu'elles touchent, les transforment ou les transportent en les transformant en matières minérales, absolument semblables à celles que l'on rencontre dans la nature. C'est le rôle que j'ai fait jouer à l'hydrogène dans la formation du zinc oxydé, de la blende, au fluorure de silicium pour la formation du zircon. C'est le rôle qui convient aussi à l'acide carbonique dans la formation des calcaires par dissolution et dans la reproduction des carbonates métalliques dus à M. de Senarmont. Ce sont ces substances que je propose d'appeler *agents minéralisateurs :* je les caractérise par cette perpétuité de leur action qui se continue indéfiniment, jusqu'à ce qu'elle soit fixée par des matières autres que celles sur lesquelles elles sont appelées à réagir pour ainsi dire par leur seule présence. Ces substances, quand elles existent dans la nature, ce qui permet de les faire entrer dans les hypothèses de la géologie, sont toutes compatibles avec l'eau qu'on rencontre en effet partout, et l'eau n'annule et n'amoindrit jamais leur effet spécial. »

C'est en somme au choix fait entre ces diverses hypothèses, que se résument les théories qui ont été proposées pour expliquer les phénomènes de contact des roches éruptives, théories que je me propose de discuter ici, en me servant surtout des observations personnelles, que j'ai consignées dans ce mémoire ou publiées antérieurement [1].

La théorie qui a été soutenue de longue date par MM. Fouqué et Michel Lévy et pour la défense de laquelle M. Michel Lévy a apporté d'importants arguments, tirés de l'étude des contacts du granite d'un grand nombre de gisements français, est, dans sa partie essentielle, contenue dans la seconde et la troisième proposition données plus haut. Elle peut du reste se résumer de la façon suivante :

Les phénomènes de contact des roches éruptives sont le résultat de la transformation d'une roche préexistante, apportant sa caractéristique personnelle, sous l'influence d'agents minéralisateurs, le plus généralement accompagnés d'éléments volatils ou solubles qui, en se fixant sur la roche modifiée, en transforment plus ou moins complètement la composition chimique.

Toute autre est la théorie adoptée par un grand nombre de géologues, et qui a été énoncée de la façon suivante [2] par M. Rosenbusch, avec l'autorité qui s'attache à son nom. « *On peut formuler cette loi, que dans le métamorphisme de contact au voisinage des roches de profondeur, la roche éruptive a agi d'une façon purement physique et en général n'a agi chimiquement par l'intervention d'aucune substance. L'analyse chimique des roches de contact dans les divers stades de leur évolution a montré, qu'à l'exception des corps volatils comme l'eau et les substances organiques, il n'y a pas eu changement dans la composition. Tout s'est borné en réalité à une nouvelle répartition des*

[1] *Mém. savants étrangers*, XXXI, n° 7, 1894 ; *Comptes Rendus*, CVIII, 539, 1889 : CX, 1011 et 1152, 1890 ; CXIII, 1060, 1891 ; CXV, 736 et 974, 1892 : CXX, 339 et 388, 1895 ; CXXIII, 1021, 1896 : *Nouv. arch. muséum*, VI, 209, 1894 : *Bull. carte géol. France*, II, n° 11, 1890 : VI, n° 42, 1895 : VIII, n° 53, p. 134, 1896 ; *Bull. soc. minéral. France*, XII, 117, 1889 ; *Bull. soc. géol. France*, XVIII, 511, 845 et 872, 1890 ; *Les enclaves des roches volcaniques*, Mâcon, 1893.

[2] *Mikroskopische Physiographie der massiv. Gesteine*, II, 85, 1896.

molécules ; la roche éruptive par les conditions de température et de pression dont elle était le foyer en est la cause, alors que la roche sédimentaire en a fourni la matière. »

Les documents qui ont été décrits dans ce mémoire et tous ceux que j'ai recueillis antérieurement sur le même sujet, apportent de nouveaux arguments pour la démonstration de la première de ces théories et fournissent en même temps matière à discussion de la seconde.

La région qui a été étudiée plus haut offre le grand avantage de montrer le contact du granite et de nombreux types de schistes argileux, de quartzites d'une part, et de calcaires d'une autre ; de plus, des alternances de lits minces de ces deux catégories de roches fournissent un terme moyen entre ces deux groupes pétrographiques si différents au point de vue de la composition chimique et minéralogique.

Contacts des schistes et des quartzites. — Les schistes argileux étudiés loin des contacts présentent les modifications bien connues en schistes micacés, sur lesquelles tous les pétrographes sont d'accord ; il y a lieu toutefois de signaler comme particulièrement intéressante le peu d'abondance de l'andalousite et l'absence de la staurotide qui, au contraire, abondent dans les contacts de la Haute-Garonne et des Hautes-Pyrénées.

Au contact immédiat du granite, s'observe une zone constante, dans laquelle les schistes et aussi les quartzites se chargent de feldspaths, soit par imbibition, ces minéraux jouant le même rôle que le quartz dans les schistes micacés, soit par injection.

Il est possible de suivre progressivement tous les stades de cette feldspathisation et les passages insensibles entre ces schistes feldspathisés (leptynolites) et le granite lui-même ; celui-ci, dans les veines minces injectées, présente de constantes modifications de structure, caractérisées par la structure du quartz qui devient microgrenu. La roche manifeste une tendance marquée vers le *microgranite*, mais toujours avec prédominance des grands cristaux sur les éléments microgrenus, de telle sorte que jamais ces roches ne sont franchement porphyriques.

Les phénomènes qui viennent d'être rapidement esquissés se manifestent encore dans les zones constituées par des alternances de schistes et de calcaires, mais les roches à tendance microgranitique subissent alors en outre des modifications chimiques endomorphes dont il sera question plus loin et qui sont essentiellement caractérisées par une basicité plus grande des plagioclases et le développement de hornblende.

Quand l'imprégnation des schistes par le granite s'effectue sur une zone de plusieurs centaines de mètres d'épaisseur, comme dans la vallée de Baxouillade, on voit les phénomènes de feldspathisation par imbibition et par injection se superposer ; il se produit des roches *gneissiques* au milieu desquelles se trouvent çà et là des lambeaux de schistes, présentant les divers stades intermédiaires de transformation ; dans certains points, la roche ne saurait être distinguée du véritable *gneiss*, si elle ne contenait des enclaves micacées semblables à celles qui abondent dans le granite normal.

Ces phénomènes de feldspathisation ne diffèrent pas essentiellement de ceux qui ont été décrits par M. Michel Lévy, à St-Léon dans l'Allier[1], dans le massif du Mont-Blanc[2], en divers point du Puy-de-Dôme[3], aux alentours du granite de Flamanville dans la Manche[4] ; par M. Barrois en Bretagne[5]. Mais les contacts de l'Ariège présentent cette particularité remarquable de renfermer, réunis sur une petite surface tous les types reconnus dans l'ensemble des gisements qui viennent d'être énumérés. La seule différence à signaler, c'est que dans ceux-ci, les modifications endomorphes de structure du granite sont généralement plus intenses, cette roche se transformant parfois en véritables *microgranites* à deux temps très distincts de consolidation : ils affectent une structure porphyrique qui ne diffère en rien de celle des microgranites, existant pour eux-mêmes, en dehors de phénomènes de contact. Dans mes contacts, au contraire, ainsi que je l'ai dit plus haut, il y a simplement *tendance au microgranitisme* : la cause de cette différence doit sans doute être attribuée à ce que ces contacts sont plus profonds que les précédents ; cette opinion trouve sa justification dans l'intensité plus grande de la feldspathisation, dans l'épaisseur de la zone gneissifiée plus considérable que de coutume. Il existe dans tous les cas une continuité évidente entre tous les types décrits par M. Michel Lévy et les miens, aussi est-il rationnel de penser qu'à une profondeur plus grande encore, les contacts présenteraient entre les microgranites d'injection et les schistes imprégnés d'une part et le granite d'une autre des différences de plus en plus faibles. L'on est ainsi conduit à voir dans les faits que j'ai exposés plus haut, une confirmation éclatante des vues de M. Michel Lévy sur l'origine des gneiss[3] et sur la probabilité de l'existence réelle de cette zone profonde, dans laquelle, il doit y avoir continuité complète entre le granite normal et la zone gneissique, formée sous l'influence de celui-ci aux dépens des roches sédimentaires anciennes.

L'évidence des faits de feldspathisation autour d'un si grand nombre de massifs granitiques français est telle, que l'on peut s'étonner de les voir mis en doute ou considérés comme quantité négligeable par tant de pétrographes. Il semble que dans cette question, de même que dans celle des transformations endomorphiques du granite, dont il sera question plus loin, il y ait eu souvent une grande tendance à ériger des théories générales à l'aide d'un trop petit nombre de faits particuliers, étudiés dans un trop petit nombre de régions.

Du reste, je n'aurai garde de confondre la *possibilité* pour le magma granitique de déterminer des feldspathisations intenses, avec la *nécessité* pour celui-ci d'agir toujours de la même façon sur les roches sédimentaires en contact avec lui. Le problème qu'il s'agit de résoudre est fort complexe et nous sommes loin encore d'en connaître toutes les inconnues.

Les Pyrénées, elles-mêmes, offrent à ce sujet matière à réflexion ; si en effet

[1] *Bull. soc. géol. France*, IX, 181, 1881.
[2] *Bull. carte géol. France*, I, n° 9, 1890.
[3] *Bull. soc. géol. France*, XVIII, 915, 1890 et *feuilles de Clermont* de la carte géologique.
[4] *Bull. carte géol. France*, V, n° 36, 1893.
[5] *Bull. soc. géol. France*, XVI, 102, 1887.

sur les bords de l'Oriège, la netteté de la feldspathisation est indiscutable et son intensité fort grande, dans la même région à une vingtaine de kilomètres plus au Nord-Ouest, j'ai observé près d'Auzat le contact avec le granite des mêmes schistes siluriens : il est possible d'y mettre la pointe du marteau sur la ligne de séparation du granite et des schistes qui, au contact immédiat, sont transformés en *cornéennes à andalousite* faisant suite à des zones régulières, identiques à celles des *Steiger Schiefer*, que M. Rosenbusch a depuis longtemps si bien décrites. Il n'y a aucune feldspathisation, mais à quelques kilomètres, plus à l'ouest, près du port de Saleix, ces mêmes cornéennes à andalousite sont séparées du granite par une zone feldspathisée de quelques décimètres au plus.

A quelle cause attribuer ces variations d'intensité et de mode de transformation métamorphique ? Ne faut-il pas la voir non seulement dans des variations dans la nature et dans l'abondance des minéralisateurs et agents transportables ayant accompagné le magma, mais aussi dans les différences des conditions physiques des divers contacts et notamment dans la profondeur plus ou moins grandes à laquelle ils se sont effectués ? J'ai mis en évidence cette influence des conditions physiques sur les transformations métamorphiques, en comparant les modifications effectuées par une même roche volcanique sur les roches qu'elle recouvre lors de son épanchement et sur ses enclaves [1] ; j'y reviendrai du reste plus loin.

Quoi qu'il en soit, quand on compare la composition minéralogique des schistes argileux normaux, avec celle des roches produites à leurs dépens, schistes micacés riches en quartz, schistes feldspathisés (leptynolites) à aspect plus ou moins gneissique, il est impossible de ne pas admettre que les transformations minéralogiques ont été caractérisées par une modification chimique du sédiment métamorphique. Il n'est pas nécessaire d'attendre les résultats des analyses [2] qui seront données dans un prochain mémoire, pour être persuadé de la *nécessité* d'admettre parmi les trois propositions énoncés au commencement de ce chapitre, celle qui fait dériver les phénomènes de contact étudiés ici, de l'action d'agents hydrothermaux, le plus généralement accompagnés d'apports durables.

Calcaires modifiés. — Je n'ai parlé jusqu'à présent que des transformations subies par les schistes et les quartzites : les calcaires ont été non moins modifiés, ils sont devenus des marbres à minéraux (*grenat, épidote, zoïsite, pyroxènes, wollastonite, amphiboles, quartz, feldspaths*), lorsqu'ils étaient assez purs, alors que les lits argilocalcaires ou silicocalcaires se sont surtout transformés en *épidotites*, en *grenatites*, et surtout en *cornéennes à feldspaths* dans lesquelles on voit associés les types feldspathiques les plus opposés, l'*orthose* et l'*anorthite* par exemple [3].

L'intensité grandiose des phénomènes de transformation des calcaires est tout

[1] Etude sur le métamorphisme de contact des roches volcaniques. *Mém. des savants étrangers*, XXXI, n° 7, 1893.

[2] La démonstration a été faite pour les schistes feldspathisés du Mt Blanc par MM. Duparc et Mrazec.

[3] Il y a lieu de remarquer qu'un fait analogue s'observe dans les cornéennes feldspathiques que j'ai décrites au contact de la lherzolite (*Bull. carte géol. France*, VI, n° 42, 1894).

à fait remarquable non seulement dans la région qui nous occupe, mais dans toute l'étendue de la chaîne des Pyrénées, ces divers types ressemblent à beaucoup de ceux qui ont été signalés dans d'autres régions et notamment par Lossen dans le Harz, par M. Brögger dans la région de Kristiania [1] etc., mais la feldspathisation y est souvent très intense. Ce qui caractérise en outre mes roches, c'est leur très grande cristallinité grâce à laquelle leur structure, de même que leur composition minéralogique, est tout à fait analogue à celle des roches similaires des régions gneissiques : cette comparaison s'impose entre certaines cornéennes et les gneiss à pyroxène.

La comparaison de mes *cornéennes*, dont j'ai montré le passage insensible aux calcaires, et les *cornes vertes* décrites par M. Michel Lévy dans le Beaujolais, dans le Puy-de-Dôme (notamment à Berzet), [2] ne laisse aucun doute sur l'identité d'origine de ces deux catégories de roches. Ce fait mérite d'être retenu, car depuis longtemps M. Michel Lévy considérait ces roches du Massif central de la France, comme résultant de la transformation de calcaires, sous l'influence du granite sans avoir pu démontrer cette hypothèse, ces roches étant toujours entièrement transformées, dans les lambeaux que l'érosion a laissés au milieu du granite.

Si l'on peut exiger des analyses chimiques pour appuyer l'affirmation qu'une cornéenne à anorthite ne résulte pas de la transformation physique d'un calcaire argileux et qu'une partie de ses éléments n'a pas été apportée par la roche modifiante, il ne saurait en être de même pour ces cornéennes riches en orthose et en microcline, dont j'ai donné plus haut la description.

J'ai décrit il y a quelques années [3] les modifications subies par les calcaires de Trenton au contact des syénites néphéliniques de Montréal. Ils sont devenus très cristallins, mais, au contact immédiat de la roche éruptive, j'ai observé une zone de cornéennes, très étroite il est vrai, mais dans laquelle il y a apport évident : ces cornéennes sont en effet non seulement riches en wollastonite, en pyroxène, mais encore en orthose, en perowskite dont une partie des éléments n'existent certainement pas dans les calcaires normaux.

Schistes et calcaires intercalés. — L'étude des alternances de schistes et de calcaires montre que les modifications subies par ces roches sont intermédiaires entre celles qui ont été décrites dans les calcaires et les schistes ; les types métamorphiques dominants dans ces roches sont des schistes micacés, à faciès gneissique, riches en plagioclases, en pyroxène, en amphibole en même temps qu'en biotite.

Ceci étant posé, voyons quels sont les arguments qu'il est possible de faire valoir pour et contre la théorie du métamorphisme que j'ai citée plus haut et qui consiste à voir, dans la cause des transformations subies par les sédiments,

[1] *Die Silurischen Etagen 2 und 3 in Kristiniagebiet. Kristiania*, 1882.
[2] *Bull. soc. géol.* et *Carte géol., op. cit.*
[3] *Bull. soc. géol.*, XVIII, 546, 1890.

des phénomènes exclusivement physiques. Les arguments fournis par M. Rosenbusch en faveur de cette théorie sont les suivants :

1° Les transformations de contact des roches de profondeur sont indépendantes de la composition de celle-ci, elles sont identiques, non seulement à proximité des granites de nature différente, mais aussi au contact des syénites, des syénites néphéliniques, des diorites et des gabbros. Ainsi l'effet produit par une roche éruptive ne dépend pas de sa propre substance, mais de phénomènes physiques qui sont en rapport nécessaire avec sa mise en place.

2° Les phénomènes de contact exomorphes au voisinage des roches de profondeur sont autour de ces roches exactement les mêmes en proportion et en nature dans toutes les directions et par suite indépendants de la direction et du plongement des sédiments métamorphisés.

3° Les produits de contact diffèrent de nature, d'après la composition originelle des matériaux soumis au métamorphisme.

La troisième proposition est évidente pour tout le monde, quelle que soit la théorie que l'on adopte, il n'y a donc pas lieu de s'y arrêter.

La seconde ne paraît pas liée d'une façon nécessaire à une théorie plutôt qu'à une autre et dans tous les cas, elle ne paraît pas justifiée d'une façon générale ; l'exemple que j'ai cité plus haut, des contacts d'Auzat et de Saleix, montre qu'un même massif granitique n'agit pas nécessairement de la même façon sur toute sa périphérie [1].

L'argument exposé en premier lieu paraît au premier abord plus sérieux. Il est certain que lorsqu'on fait un *triage* parmi les nombreux contacts décrits, on trouve dans les minéraux des calcaires marmoréens, dans les cornéennes provenant de la transformation de calcaires, et dans les schistes micacés, j'ajouterai même les schistes micacés feldspathisés [2], observés au contact des diverses roches de profondeur, de grandes analogies, souvent même des analogies complètes. Acceptons donc ce résultat, malgré les nombreuses exceptions, sur lesquelles je reviendrai plus loin, M. Rosenbusch en conclut que les roches intrusives n'ont pas agi *par elles-mêmes*, puisque au contact de roches, aussi différentes que les granites et les gabbros, les mêmes minéraux se sont produits aux dépens des mêmes roches sédimentaires. J'accepte d'autant plus volontiers cette conclusion que j'ai moi-même contribué à la démontrer en faisant voir [3] comment au contact de la lherzolite, roche exclusivement ferromagnésienne, se développent en quantité considérable des minéraux, riches en alcalis (*dipyre, orthose, microcline, plagioclases, micas*), en bore (*tourmaline*), éléments qui n'existent pas dans la roche éruptive elle-même. Mais comme d'autre

[1] M. Barrois a montré que dans l'auréole métamorphique du granite de Huelgoat (*Bull. soc. géol. France*, XIV, 885, 1886), l'action modificatrice s'est propagée d'une façon plus intense parallèlement aux feuillets des schistes que perpendiculairement.

[2] M. N. H. Winchell m'a montré des schistes micacés feldspathisés, avec ou sans cordiérite, produits au contact de gabbros, aux dépens de schistes d'Animikie du Minnesota. Ils ne diffèrent ni comme structure, ni comme composition minéralogique de quelques-uns de ceux qui sont décrits dans ce mémoire.

[3] *Bull. carte géol. France*, n° 42.

part, ces éléments n'existaient pas davantage dans le calcaire et les marnes calcaires jurassiques avant leur transformation, il est évident que ceux-ci venaient de quelque part, et que par suite, ils ont été apportés : il faut nécessairement faire appel à autre chose qu'à des conditions physiques pour expliquer leur existence dans les minéraux métamorphiques.

On peut donc tirer des faits servant de base à la théorie physique une conclusion tout à fait opposée à celle de M. Rosenbusch. Si, une roche sédimentaire étant donnée, les modifications qu'elle subit au contact de roches intrusives ou de profondeur chimiquement différentes sont semblables, c'est que la nature des agents hydrothermaux et les éléments qui *accompagnent* la roche éruptive sont dans une très large mesure indépendants de la composition de celle-ci.

Afin de raisonner du connu à l'inconnu j'emprunterai mes arguments à l'histoire des roches volcaniques, pour prouver cette indépendance de la nature chimique de ces éléments volatils et du magma qui leur a servi de véhicule. Ce mode de discussion est légitime, car il y a continuité, au point de vue qui nous occupe, entre les phénomènes observés lors des éruptions volcaniques et ceux dont nous constatons les résultats dans les contacts de profondeur, à condition bien entendu, qu'on n'oublie pas, que l'action des premières est éphémère, que les seconds se sont prolongés sous pression pendant un temps fort long. J'ai montré notamment comment les modifications subies par les enclaves enallogènes des trachytes par exemple, sont tout à fait comparables, mais en *petit*, à ce qui s'observe en *grand* à la bordure de certains massifs granitiques [1].

Au premier abord, les résultats auxquels conduit l'étude des enclaves des roches volcaniques paraissent en contradiction avec l'analogie des transformations effectuées par des roches intrusives différentes sur une même roche sédimentaire ; en effet les roches trachytoïdes agissent surtout sur leurs enclaves par voie chimique, alors que les roches basaltoïdes impriment presque exclusivement à leurs enclaves des transformations physiques [2], mais j'ai indiqué déjà

[1] *Les enclaves des roches volcaniques*, Mâcon, 1893.

[2] L'étude de ces modifications est du reste fort importante à notre point de vue puisqu'elles peuvent être observées sur les mêmes roches que celles dont nous étudions ici les transformations au contact des roches de profondeur. Les grès et les schistes argileux ainsi chauffés comme en vase clos sont fondus. Quand la silice fondue recristallise, c'est sous la forme de tridymite : dans les schistes, il se produit de la cordiérite, des spinellides ; mais ces roches n'offrent aucun point de ressemblance avec les schistes micacés.

L'examen que j'ai fait au même point de vue des assises houillères, modifiées par les incendies spontanés de la houille (*C. Rendus*, CXIII, 1060, 1891) n'est pas moins instructif. Les lits hétérogènes de schistes et de grès fondent et présentent des modifications variées, fonction de leur composition originelle. Les schistes se chargent de cordiérite et dans d'autres cas se transforment en agrégats microlitiques d'anorthite, d'augite, de spinelle avec ou sans cordiérite. A part l'existence de ce dernier minéral, ces roches fondues n'offrent aucun caractère minéralogique commun avec les schistes de contact et dans tous les cas, leur structure est totalement différente et rappelle plus celle d'une roche volcanique que celle d'une roche métamorphique. Les grès se transforment en *porcellanites* à éléments complètement amorphes, dont la compacité est à opposer à la porosité qu'ont eu les grès modifiés au contact des roches de profondeur : il est facile de voir en effet que les grès souvent peu modifiés au contact du granite, ont laissé filtrer les agents minéralisateurs qui sont allés modifier les schistes situés au-delà d'eux, au lieu de leur servir d'écran infranchissable, comme le seraient certainement l'explication rationnelle à donner à ce fait. Les magmas basiques ne sont pas moins riches en produits volatils que les magmas acides, mais ils sont beaucoup plus fluides que ceux-ci, aussi dès que la pression qu'ils subissent en profondeur diminue par le fait de l'épanchement, la vapeur d'eau et tous les produits volatils, tenus en dissolution, s'échappent rapidement et par suite ne peuvent avoir aucune action sur les fragments englobés. Un magma acide au contraire placé dans les mêmes conditions physiques, grâce à sa moindre fusibilité, à sa conductibilité calorifique plus faible, à sa porosité plus grande, conserve plus longtemps ses produits hydrothermaux qui ne se dégagent que lentement ; emprisonnés avec les enclaves, ils peuvent agir lentement et longtemps sur elles et effectuer des transformations minéralogiques très énergiques.

L'existence de ces produits hydrothermaux accompagnant les magmas éruptifs n'est pas une simple vue de l'esprit, on sait en effet que l'une des caractéristiques des éruptions volcaniques consiste dans le dégagement d'une quantité considérable de vapeur d'eau et de gaz, chargées de matières volatiles ou entraînables. Or la composition des plus fréquentes de celles-ci est indépendante de la composition du magma épanché. Que l'on considère les éruptions *andésitiques* de Santorin, les volcans *basaltiques* de l'Etna ou de l'Islande ou enfin le volcan *leucitique* du Vésuve, la vapeur d'eau, les chlorures de sodium, de potassium, d'ammonium, les carbonates et sulfates alcalins, constituent les principaux corps caractéristiques des paroxysmes de leurs éruptions. Ne serait-il pas invraisemblable d'admettre que les magmas éruptifs ne possèdent pas en profondeur à l'état de dissolution ces mêmes substances ? Du moment où celles-ci agissent sur les enclaves empâtées dans le magma, lors de son épanchement et souvent aussi sur la roche elle-même en voie de consolidation à l'air libre[1], *a fortiori* doivent-elles agir en profondeur (et par suite à haute température et sous pression) sur les roches touchées par le magma intrusif ou situées à son voisinage immédiat : aussi est-il légitime de leur attribuer une influence considérable dans la production de phénomènes de contact.

L'*identité* de composition de la plupart de ces divers minéralisateurs ou produits transportables, observés en relation avec des éruptions volcaniques de magmas ayant une composition chimique *différente*, explique la raison d'être des modifications *identiques* constatées sur une même roche sédimentaire au contact de roches de profondeur chimiquement *différentes*.

J'ai fait plus haut une restriction au sujet de cette identité d'action de roches différentes, car on observe beaucoup d'exceptions à cette règle ; il existe souvent en effet, dans les contacts de certaines roches éruptives, des caractéristiques minéralogiques qui ne peuvent s'expliquer par la composition initiale des sédiments

les porcellanites de Commentry par exemple. Cette porosité des grès a été notamment constatée par M. Barrois dans l'auréole métamorphique de Huelgoat entre autres (*Bull. soc. géol. France*, XIV, 885, 1886).

[1] Production de minéraux des lithophyses des rhyolites, des trachytes, formation de silicates dans les fentes ou les vacuoles des laves du Vésuve (éruption de 1822, de 1872, etc.), dans les cendres des andésites à hypersthène de Santorin (*C. Rendus*, CXXV, 1897), des cendres basaltiques de Royat (*Comptes rendus*, CXXVI, 1529, 1898), etc.

modifiés. C'est ainsi que, pour ne pas quitter les Pyrénées, j'ai montré qu'aux contacts de la lherzolite et des ophites, on observe d'une façon constante dans les calcaires sédimentaires du *dipyre* et de la *tourmaline*, minéraux qui manquent totalement dans les calcaires de la même région modifiés au contact du granite. De même, les calcaires modifiés au contact du magma leucitique du Vésuve (Somma) sont remarquablement riches en minéraux fluorifères du groupe des humites qui, d'une façon générale, sont rares dans les calcaires métamorphisés au contact d'autres roches éruptives.

Nous trouvons l'explication de ce fait dans la spécialisation de certains éléments volatils dans les fumerolles de quelques volcans modernes; des sublimations de chlorure de cuivre (*atacamite*) et de chlorure de plomb (*cotunnite*) ont été observés au Vésuve, des sublimations de chlorure de cuivre à l'Etna, d'acide borique (*sassolite*) à Vulcano; le fluor, sous forme de fluorures divers, a été constaté souvent au Vésuve, à Nocera et sous forme de fluosilicate (*hiératite*), à Vulcano. Tous ces divers corps manquent totalement dans les fumerolles des éruptions de Santorin et de l'Islande. Il n'est donc pas extraordinaire de voir des contacts de roches intrusives différentes présenter parfois des minéraux particuliers à l'action d'une roche déterminée ou spéciaux à un gisement donné.

Toutes ces considérations conduisent d'une façon nécessaire à la théorie énoncée plus haut : les magmas éruptifs sont en quelque sorte constitués par deux parties [1], l'une, formée d'éléments fixes qui, en se consolidant, donnent naissance à la roche que nous constatons, l'autre, d'éléments volatils ou entraînables qui, consécutivement à la solidification de la roche, sont mis en liberté. Ce sont ceux-ci qui sont les agents du métamorphisme de contact et qui, suivant les conditions dans lesquelles se produit leur libération, modifient d'une façon puissante les roches voisines du magma quand celui-ci se consolide en profondeur, ou n'agissent pas d'une façon notable dans le cas de roches d'épanchement quand ils se détendent à la surface du sol.

Il faut donc dans l'étude des phénomènes de contact des roches de profondeur, tenir compte non seulement de la composition chimique des sédiments normaux, et des conditions physiques du contact, mais encore de la qualité et de la quantité des agents volatils du magma éruptif.

La composition des sédiments étant supposée constante, il est facile de voir que les autres termes du problème peuvent varier isolément ou simultanément dans de larges proportions et entraîner ainsi les variations constatées dans les diverses zônes de contact décrites jusqu'à ce jour.

Dans le cas du granite en particulier, les éléments apportés dans les schistes, joints à la substance de ceux-ci peuvent produire, dans des cas *spéciaux* étudiés dans ce mémoire, des roches ayant une composition minéralogique très voisine de celle du granite lui-même ; on comprend donc comment la dissolution de ces schistes par le magma granitique peut ne pas changer notablement la composition de celui-ci. M. Brögger a fait à la théorie de l'assimilation l'objection que le mélange

[1] Michel Lévy, *Bull. soc. géol. France*, XXV, 326, 1897.

de quantités variées de schistes argileux et de granite devait nécessairement modifier d'une façon profonde la composition de celui-ci. Cela est bien évident si l'on admet que le granite représente intégralement la composition du magma aux dépens duquel il s'est formé ; dans l'hypothèse adoptée ici, il n'en est plus ainsi, puisque le magma, ayant dissous les schistes, devait avoir la composition du granite consolidé sur lequel sont basées nos observations, augmentée de la partie volatile libérée au moment de la consolidation de la roche, partie volatile dont la discussion qui précède a eu pour but d'établir l'existence nécessaire et dont les traces nous sont laissées sous forme de phénomènes métamorphiques. Dans le cas où la quantité de schiste digéré est très considérable, le granite devient parfois surmicacé.

Lorsque le magma granitique a rencontré non plus des schistes, mais des calcaires, la différence de composition chimique entre ces deux roches a été trop grande pour que le résultat de la transformation de la roche sédimentaire soit comparable au granite lui-même ; la roche éruptive a été alors modifiée, donnant ainsi naissance aux phénomènes d'endomorphisme qui vont être discutés plus loin,

Il me reste à parler des roches nombreuses dont j'ai signalé l'abondance dans les contacts de la rive droite de l'Oriège et dont les filons traversent les divers types de roches métamorphiques ; elles sont essentiellement caractérisées par ce fait qu'elles remplissent des fentes. On les voit souvent faire suite sans discontinuité au granite très endomorphisé, malgré les différences de composition qu'elles présentent avec celui-ci ; ce sont des aplites riches en quartz, en microcline, orthose, albite. Elles contiennent presque toujours de l'épidote, du pyroxène ou de l'amphibole : quand les feldspaths manquent, les autres éléments et notamment le quartz, l'épidote, la zoïsite restent et l'on est ainsi conduit, par des passages insensibles, à des remplissages incomplets de fentes, seulement tapissées de nombreux cristaux de quartz, d'albite, d'orthose (adulaire), d'épidote, etc. Ces diverses roches ne s'observent que dans les roches métamorphisées.

Dans de nombreux gisements, la roche éruptive et ses divers types de transformation endomorphe, y compris les péridotites, sont traversés de fissures dont les parois sont recouvertes par de larges rosettes de tourmaline.

Tout à fait comparables comme origine sont les filons minces de la roche (*limurite*), essentiellement constituée par de l'axinite, associée à un peu de quartz, de calcite, d'amphibole, de pyroxène, etc., dont j'ai constaté l'existence en place [1] dans les contacts granitiques du pic d'Arbizon (Hautes-Pyrénées) : l'axinite se trouve aussi, sous forme de remplissage drusique [2] de fissures, dans le granite lui-même au pic d'Arbizon, dans le granite et dans les roches métamorphiques de toute la région de Barèges.

Tous ces phénomènes doivent être rattachés à ce que M. Rosenbuch a appelé des productions *pneumatolitiques*. A nos yeux, il n'y a aucune différence essen-

[1] *C. Rendus*, CXV, 739, 1892.

[2] L'axinite est accompagnée de cristaux de *quartz*, *d'amphibole* (actinote et trémolite) d'*épidote*, de *calcite*, de *prehnite*, etc.

tielle entre la formation de ces remplissages totaux ou partiels de fentes et les phénomènes de contact, ce sont là deux manifestations de la même cause : il y a seulement à noter cette particularité que le remplissage d'une fente nécessitant la préexistence de la roche qui la renferme, ces productions minérales ont nécessairement suivi la formation des roches métamorphiques proprement dites ; *elles constituent le dernier acte du phénomène.*

Quand les roches sédimentaires ont été saturées des éléments hydrothermaux minéralisés, ceux-ci ne pouvant plus agir sur elles, ont pu se déposer dans leurs fentes. Ils ont donné ainsi naissance aux roches qui nous occupent. Cette opinion est démontrée par la nature des minéraux observés dans ces roches filoniennes ; ce sont en effet surtout le *quartz*, l'*orthose*, le *microcline*, les *plagioclases* acides, c'est-à-dire précisément des minéraux dont nous avons constaté plus haut la production dans nos roches métamorphiques ; l'épidote, le pyroxène, les amphiboles doivent sans doute être considérés comme le résultat d'une action endomorphe de la paroi sur les fluides qui circulaient à son contact.

La comparaison de ces phénomènes et de ceux qui s'observent dans les roches volcaniques s'impose là encore. Après la consolidation des roches volcaniques, on voit souvent en effet des fumerolles persister pendant longtemps, attaquant la roche elle-même et les roches voisines et développer au loin des productions filoniennes.

On pourrait à cette manière de voir objecter que les roches filoniennes qui nous occupent renferment parfois des éléments qui ne se trouvent point dans les roches métamorphiques voisines ; dans la Haute-Oriège, la tourmaline est extrêmement abondante dans les fentes du granite endomorphisé, alors qu'elle manque dans la plupart des schistes métamorphiques ; dans les Hautes-Pyrénées, l'axinite ne se trouve presque que dans les fentes [1].

Mais les travaux de Ch. Ste-Claire Deville et de M. Fouqué n'ont-ils pas montré que dans les éruptions volcaniques, la composition chimique des fumerolles d'un volcan donné, varient dans le temps et dans l'espace. Il n'est donc pas étonnant que les émanations qui se sont échappées d'un magma granitique en partie consolidé aient présenté parfois des différences de composition chimique avec celles produites au cours de l'ascension souterraine de ce même magma ; du reste, la mise en place du granite n'a certainement pas été un phénomène brusque et dans ces conditions, la nature des émanations, toutes conditions égales d'ailleurs, a pu, elle aussi, varier légèrement. L'histoire d'un même volcan nous fournit des faits du même genre : le chlorure de plomb (cotunnite), par exemple, qui était abondant dans certaines éruptions du Vésuve a manqué dans un grand nombre d'autres.

[1] Dans une excursion que j'ai faite en 1888 aux environs de Baltimore avec Geo. Williams, nous avons recueilli dans les fentes du gabbro des rosettes de tourmaline, tout à fait identiques à celles auxquelles il est fait allusion ici.

§ II. – Phénomènes métamorphiques endomorphes du granite.

Les mêmes divergences d'opinion qui existent entre les géologues au sujet de l'origine des phénomènes de contact exomorphes dûs au granite, se retrouvent dans l'étude des modifications endomorphes de celui-ci.

Je ne m'occupe ici que des phénomènes endomorphes au contact des roches basiques, les autres, généralement réduits à des variations de structure, ayant été étudiés dans le paragraphe précédent.

Depuis longtemps, M. Michel Lévy, frappé de l'association constante des cornes vertes et des diabases-diorites du Beaujolais et du Puy-de-Dôme et de l'existence d'une auréole de granite à hornblende entre ces dernières et le granite normal, a admis que ces diverses roches résultent de l'endomorphisme du granite [1], la composition de celui-ci ayant été profondément changée par assimilation des couches calcaires [2]. Généralisant cette observation, la rapprochant des faits de feldspathisation dont il a été question plus haut, M. Michel Lévy en a conclu que l'assimilation des couches sédimentaires par les magmas profonds devait jouer un rôle considérable dans l'évolution des magmas qui produisent les roches éruptives : il s'en est servi [3], entre autres arguments, pour combattre diverses théories de différenciation en vase clos fort en honneur aujourd'hui parmi les pétrographes.

Je tiens à rester ici sur le terrain de mes faits d'observation et sans vouloir dire que toutes les *péridotites*, les *hornblendites*, les *norites*, les *diorites* de basicité variée et les *granites* à amphibole *doivent* résulter nécessairement de la transformation d'un magma granitique par assimilation de couches sédimentaires calcaires, j'ai eu pour but de démontrer que ces transformations *peuvent* se produire. L'évidence des faits du reste est telle, qu'une théorie, quelle qu'elle soit, destinée à expliquer les relations pouvant lier entre elles les diverses roches éruptives, devra en tenir compte.

J'ai fait voir plus haut qu'au contact des assises calcaires des ravins abrupts du Donézan, le granite présente de remarquables transformations de composition minéralogique. Elles deviennent plus intenses encore dans la région où, par suite de l'assimilation des assises schisteuses environnantes, des bandes calcaires importantes se trouvent aujourd'hui isolées au milieu du granite. Sur toute la bordure de celles-ci, la roche éruptive encaissante n'est plus du granite

[1] *Bull. soc. géol. France*, XVIII, 1889, 845 et suivantes.

[2] Pendant l'impression de ce mémoire j'ai visité les plus intéressants de ces contacts du Puy-de-Dôme, sur quelques-uns desquels M. Michel-Lévy a bien voulu me servir de guide. Il est impossible de n'être pas frappé de la netteté et de la constance de cette trilogie, *cornéennes, diorites, granite à amphibole* que l'on rencontre sous forme d'îlots au milieu du granite porphyroïde. De même que dans l'Ariège, celui-ci perd ses grands cristaux au voisinage des contacts.

[3] *Id.*, XXIV, 1896, 123 et suivantes ; XXV, 1897, 369 et suiv.

normal, mais du granite à hornblende, de la diorite avec ou sans quartz : là où la continuité des calcaires englobés a été interrompue, on voit apparaître des roches plus basiques encore, des norites avec ou sans olivine, des hornblendites et enfin des péridotites à hornblende.

L'étude sur le terrain montre qu'il est impossible d'établir des délimitations nettes entre ces divers types pétrographiques : ils se succèdent parfois sur quelques mètres de distance, alors que dans d'autres cas, on les voit s'étendre, en apparence homogènes, sur plusieurs centaines de mètres. L'examen microscopique permet de suivre la gradation insensible de ces divers types les uns vers les autres : la nombreuse collection de plaques minces que j'ai étudiée fait voir le passage insensible et sans à coup de ces deux roches aussi dissemblables que possible, le granite et la péridotite à hornblende. Toutes ces roches endomorphiques ont un air de famille commun, la coexistence presque constante de la hornblende et de la biotite dans le granite à amphibole, aussi bien que dans la péridotite.

L'évidence de la transformation du granite par dissolution du calcaire est complète. Toutes les fois que l'on trouve un lambeau calcaire pincé dans le granite, on le voit entouré de sa zone périphérique de roche amphibolique et *celle-ci n'existe que là* ou encore sur *le prolongement des affleurements de calcaire*.

Le contact de ces roches endomorphiques et des calcaires est toujours net, il n'y a pas de zone intermédiaire comme pour le cas des contacts avec les schistes feldspathiques. Ce fait démontre bien la différence essentielle qu'il y a lieu de faire entre l'action, en quelque sorte personnelle du magma, et celle qui est due à ses éléments volatils. La première donne naissance aux transformations endomorphiques du granite lui-même, elle s'effectue par dissolution du calcaire, assimilation de ses éléments, production de plagioclases basiques, d'amphibole ; la seconde, constituant les phénomènes exomorphes, modifie le calcaire sans détruire la structure générale de ses assises, développe dans sa masse du grenat, de l'épidote et du pyroxène, des plagioclases de composition variée, de l'orthose, du microcline, etc. Par l'une, le granite est *basifié*, par l'autre il *acidifie* la roche sédimentaire.

La différence de ce mode d'action est, *dans le cas particulier de l'Ariège*, caractérisée par un fait minéralogique à noter, c'est de la hornblende seule qui se produit dans le granite, sans qu'il y ait jamais de pyroxène, alors que ce dernier minéral est caractéristique non seulement des calcaires métamorphiques, mais encore des filons aplitiques dont j'ai donné plus haut la signification.

La région étudiée dans ce mémoire nous montre un cas extrêmement simple, et c'est là ce qui en fait le grand intérêt théorique, un contact profond, dans lequel le granite s'est modifié sur place sans que des mouvements concomittants ou postérieurs aient déplacé de leur situation mutuelle les roches transformées.

L'étude des vallées de Paraou et de Gnoles, dans lesquelles les contacts sont beaucoup moins décapés et où le granite normal est à peine entamé, fait voir les difficultés que l'on doit s'attendre à rencontrer, quand il s'agit d'interpréter la parenté des roches éruptives d'une région même très limitée.

Lorsqu'en faisant l'ascension du lac Naguille, j'ai pour la première fois recueilli dans les éboulis descendus du pic de Deilla, des blocs de péridotite à hornblende, j'étais loin de me douter de la conclusion à laquelle l'étude des faits m'a conduit d'une façon nécessaire.

Si l'on imagine que des dislocations aient pressé sur les voussoirs recouvrant la zone endomorphisée avant sa consolidation et fait monter le magma granitique modifié, on voit quelles variétés de roches filoniennes ou épanchées basiques se seraient produites alors et combien leur composition aurait différé de celle du granite dont elles proviennent. Leur interprétation par une théorie de différenciation d'un magma primordial n'eût pas manqué d'être intéressante, les filons aplitiques, dont l'origine a été donnée plus haut, se trouvant à point pour fournir leurs types complémentaires.

Les phénomènes endomorphiques des roches éruptives semblent présenter un degré de généralité plus grand que celui qu'on est habitué à leur attribuer ; je rappellerai à cet égard les nombreux exemples que j'en ai trouvés au cours de l'étude des enclaves [1] des roches volcaniques ; à Santorin [2] notamment, les andésites à hypersthène du cratère de Georgios, au voisinage de leurs enclaves calcaires, se transforment en labradorites à anorthite, très analogues aux laves à anorthite de la même région volcanique. J'ai observé au cap Acrotiri (île de Théra) des andésites à hornblende qui, par absorption d'enclaves de granite et de gneiss à cordiérite, se transforment en perlites, dans lesquelles on peut suivre la désagrégation progressive de la roche ancienne.

J'ai décrit en détail ces curieux blocs de la Somma, qui se trouvent dans toutes les collections de minéralogie comme gangue de la sarcolite, et qui ne sont autre chose que des leucotéphrites à sanidine, qui, par absorption de calcaires, se sont tellement basifiées que l'on n'y trouve souvent plus aucun des éléments originels. On y voit fréquemment des fragments de calcaire, encore incomplètement transformés et il est possible d'y suivre *en petit* toute une série de transformations, comparables à celles qui ont fait l'objet de ce mémoire. Des faits analogues s'observent sur un grand nombre d'autres enclaves de la Somma et M. Johnston Lavis a basé sur quelques-uns d'entre eux sa théorie osmotique [3].

Les environs de Predazzo dans le Tyrol méridional paraissent être une région très intéressante au point de vue qui nous occupe ; ne l'ayant pas visitée moi-même, je ne me permettrai pas de discuter les relations mutuelles des divers types pétrographiques qui s'y rencontrent, mais après avoir étudié une collection des belles roches de cette région recueillies autrefois par Cordier et lu les descriptions de leur gisement publiées par MM. de Lapparent, Dölter et tout récemment par M. Brögger [4], je ne puis m'empêcher de comparer cette série remar-

[1] *Les enclaves des roches volcaniques*, 261, 1893.
[2] *Id.*, 281.
[3] *Natural science*, IV, 134, 1894.
[4] *Die eruptiv. Gesteine des Kristianiagebietes*, 1895.

quable : la monzonite quartzifère, la monzonite, la monzonite à olivine et les roches plus basiques, les pyroxénites [1] plus ou moins feldspathiques, à ma série de granite, de granite à hornblende, de diorites quartzifères, de diorites, de hornblendites, de péridotites à hornblende de l'Ariège.

La comparaison devient plus intéressante encore, quand on songe que si toute cette dernière série s'observe au contact de calcaires paléozoïques qu'elle métamorphise, c'est au contact de montagnes de calcaire triasique que se rencontre la monzonite et tout son cortège; leurs phénomènes de contact exomorphes sont célèbres. Or, les types les plus basiques de la série éruptive tyrolienne sont décrits comme ayant un gisement étrange, formant des traînées, des pseudofilons, des sortes d'enclaves au milieu de la roche normale ou à son contact avec les calcaires. Il y a là une ressemblance bien curieuse avec mes types très basiques de l'Ariège et n'est-il pas permis de se demander, si ces calcaires de Predazzo et de Canzacoli n'ont pas joué dans leur production un rôle plus actif que celui de paroi froide, nécessaire à une différenciation magmatique, telle que la comprennent M. Iddings ou M. Brögger ?

§ III. — Mise en place du granite.

Le mécanisme de la mise en place du granite a beaucoup attiré l'attention des géologues depuis quelques années, M. Michel Lévy [2] a discuté récemment cette question et en s'appuyant sur les phénomènes de contact, il a rejeté l'hypothèse du *batholite* (remplissage d'un vide préalablement produit dans l'écorce terrestre par la combinaison de mouvements tangentiels superficiels et d'affaissements profonds) proposée par M. Suess [3] et celle du laccolite (masse lenticulaire intercalée dans les terrains sédimentaires avec racine profonde) adoptée par M. Brögger [4], pour admettre que les grands massifs granitiques, bien loin de présenter une forme en champignon que supposent les hypothèses précédentes doivent au contraire s'élargir en profondeur. Leur mise en place s'effectue par *assimilation* progressive des terrains dont ils occupent la place.

La lecture de mon mémoire n'a dû laisser aucun doute sur l'hypothèse à laquelle j'ai été conduit pour l'explication de *la mise en place du granite de la Haute-Oriège*. J'ai montré en effet comment on trouve en abondance dans le granite, au voisinage de ses contacts, des enclaves restant orientées comme les schistes voisins, et même des lambeaux de schistes plus ou moins transformés [5]. Dans la

[1] Dans cette série, le pyroxène est l'homologue de l'amphibole de la série ariégeoise.

[2] *Bull. carte géol. France*. V, nº 36, 35, 1893.

[3] *Das Antlitz der Erde* (traduct. française I, 217). A la suite d'une étude sur place du granite de la Saxe, M. Suess s'est rallié à la théorie de M. Michel Lévy concernant les contacts profonds du granite.

[4] *Op. cit.*

[5] M. Barrois a observé dans les environs de Brest un fait comparable ; des couches de grès métamorphisés persistent au milieu du granite après assimilation par celui-ci des schistes avec lesquels ils étaient originellement interstratifiés.

vallée de Baxouillade, il est facile de suivre pas à pas l'imprégnation et la gneissification des schistes formant encore par places des traînées continues au milieu d'une roche, qui oscille entre un granite gneissique et un gneiss granitoïde à enclaves. Des fragments de schistes se retrouvent plus loin des contacts, dans le granite, au milieu duquel on en retrouve fréquemment des miettes microscopiques non digérées.

Ces phénomènes, tout à fait analogues à ceux que présente le granite du versant méridional du Pilate et de divers autres régions du Massif central de la France, impliquent nécessairement une assimilation sur place des couches schisteuses. Le fait apparaît plus nettement encore peut-être quand on considère ces lambeaux calcaires qui sont isolés aujourd'hui dans le granite tout en ayant conservé leurs relations mutuelles. L'évidence de leur dissolution progressive a été démontrée par la description des nombreux types endomorphes décrits plus haut. On peut donc, non seulement affirmer que le granite de la Haute-Ariège a bien été mis en place par assimilation lente et progressive des roches sédimentaires dont il occupe la place, mais on peut encore voir que fort souvent dans cette région, le magma granitique était au bout de son ascension, quand il a touché les contacts que j'ai étudiés. Il n'y a pas eu en effet brassage des parties endomorphisées du magma et de nouvelles parties de composition normale venant de la profondeur. Si, en effet, il y avait eu brassage, on ne retrouverait pas les types endomorphisés, étroitement limités au contact immédiat des calcaires, passant insensiblement les uns aux autres, se présentant avec leur maximum de basicité là où la dissolution maxima du calcaire est attestée par la rupture de la traînée sédimentaire calcaire. Enfin, l'intensité des phénomènes endomorphes montre en outre que la cristallisation du granite n'était pas commencée quand le magma a touché les calcaires et que par suite sa température était très élevée, ce qui concorde bien avec l'ampleur des phénomènes métamorphiques exomorphes.

Dans son mémoire sur la région de Kristiania, M. Brögger[1] a discuté les arguments fournis par M. Michel Lévy en faveur de la théorie de l'assimilation et de la mise en place du granite que j'admets ici : il considère le granite de Kristiania comme constituant un laccolite. Aucun des arguments que ce savant tire de l'étude de sa région ne porte contre la théorie de l'assimilation, appliquée à la Haute-Ariège, les faits qu'il a décrits sont en effet l'antipode de ceux que j'ai exposés dans ce mémoire. Au contact avec les calcaires, le granite de Kristiania ne change pas de composition, j'ai montré qu'au contraire dans l'Ariège il se modifie radicalement : les schistes au contact du granite ne sont pas feldspathisés dans la région norwégienne, la feldspathisation est la règle dans mes contacts. M. Brögger donne comme argument en faveur de sa théorie ce fait que les fragments de schistes enclavés dans le granite ne présentent pas de zone de passage avec cette roche ; on a vu plus haut que j'ai observé des faits contraires autour d'enclaves schisteuses du granite de Quérigut.

N'est-ce pas à des différences dans la profondeur à laquelle le magma granitique s'est trouvé en contact avec les sédiments qu'il faut attribuer toutes ces différences qui sautent aux yeux dans l'histoire de cette même roche étudiée dans des gisements aussi éloignés l'un de l'autre que Kristiania et l'Ariège ? Cette opinion paraît se justifier par la nature même des roches granitiques décrites par M. Brögger dans son laccolite ; ce sont en effet surtout des microgranites francs et des micropegmatites [1] (granophyres), alors que dans nos gisements il n'y a qu'une tendance au microgranitisme et seulement aux contacts immédiats. Le refroidissement paraît donc avoir été dans le premier cas beaucoup plus brusque, les minéralisateurs moins abondants : les conditions sont opposées et les comparaisons poussées plus loin seraient sans motifs réels.

[1] On sait que le plus souvent les microgranites et les microgranulites ne déterminent à leur contact que des phénomènes métamorphiques insignifiants : les laccolites constitués par la microdiorite (porphyre bleu) de l'Esterel offrant la même structure porphyrique ne présentent à leur contact que des indices de métamorphisme (Michel Lévy, *Bull. carte géol.* IX, n° 57, 1897.)

EXPLICATION DES PLANCHES

Planche I

Fig. 1 (*à gauche*). — Leptynolite (Schiste micacé feldspathisé) (Roc Blanc), page 9.

— (*à droite*). — Schiste micacé (Roc Blanc), page 7.

— Les éléments sont notés : 7. *Feldspaths* (orthose et oligoclase), 8. *Quartz*, 9. *Biotite* moulant les éléments blancs.

Fig. 2. — Leptynolite (Schiste micacé feldspathisé par injection) (près le col de l'Estagnet), page 9.

Fig. 3. — Leptynolite (Schiste micacé feldspathisé) passant au microgranite (vallée de Baxouillade), page 10.

Fig. 4. — *Id.* (Coume de Deilla). p. 38.

Fig. 5. — Leptynolite (Schiste micacé feldspathisé à pyroxène) (Roc Blanc), page 27. Une veine composée de *microcline* (3), *d'oligoclase* (pas de n°) et de *diopside* (2) est injectée entre les lits d'un schiste micacé riche en *épidote* (5).

Fig. 6. — Schiste micacé dynamométamorphisé (contact de Chourlot), page 38. Les *plagioclases* (7) et la *hornblende* (5) brisés sont cimentés par des paillettes de *biotite* et de petits grains de *quartz*.

Planche II

Dans cette planche, les éléments sont notés de la façon suivante :
5. *Hornblende*, 7. *Plagioclases*, 8. *Quartz*, 9. *Biotite*.

Fig. 1. — Diorite riche en biotite ophitique (vallée de Barbouillères), page 23.

Fig. 2. — Diorite quartzifère ophitique (montée du col de Liauzès), page. 23.

Fig. 3. — Diorite à quartz microgrenu (au-dessus de l'étang de Seix), page 23.

Fig. 4. — Schistes micacés amphiboliques à faciès gneissique (*à gauche* vallée de Paraou), (*à droite*, versant ouest du pic de Bourbou), page 40.

Fig. 5. — Cornéenne passant au calcaire (port de Pailhères), page 17.

Fig. 6. — Cornéenne à grenat et microcline (roc de l'Estagnet), page 17.

Dans ces deux dernières figures on a noté : 1. *Grenat*, 2. *Diopside*, 3. *Microcline*, 4. *Calcite*.

Planche III

Fig. 1. — Hornblendite feldspathique (au-dessus de l'étang de l'Estagnet), page 25.

Fig. 2. — Hornblendite (contact de Valbonne), page 25.

Les éléments constituants sont notés : 1. *Hornblende*. 2. *Biotite*. 3. *Anorthite*.

Fig. 3. — Péridotite à hornblende et bronzite (coume de Deilla), page 44.

Fig. 4. — Péridotite à hornblende (contact de Valbonne), page 26.

Les éléments sont notés : 1. *Hornblende*, 2. *Olivine*, 3. *Biotite*, 4. *Bronzite*.

Fig. 5. — Norite à olivine (coume de Deilla), page 44.

Fig. 6. — Norite (étang de l'Estagnet), page 24.

Les éléments sont notés : 1. *Bronzite* entourée par de l'*actinote* (2). (Dans la fig. 5), 3. *Anorthite*, 4. *Biotite*. 5. *Olivine*. Dans la fig. 6, la bronzite est en partie transformée en *talc*.

TABLE DES MATIÈRES

CHAPITRE II

RIVE GAUCHE DE L'ORIÈGE

CHAPITRE III

RÉSUMÉ ET CONCLUSIONS

Laval. — Imprimerie Parisienne L. BARNÉOUD et Cie.
308

www.ingramcontent.com/pod-product-compliance
Lightning Source LLC
LaVergne TN
LVHW050428160826
845677LV00002BA/599

* 9 7 8 2 3 2 9 6 8 2 5 2 5 *